# 1 Acater

*Il "dispensiere"*

Schiere di turisti visitano oggi la Torre di Londra, la quasi millenaria fortezza all'estremità meridionale della City, e, attratte dalle mostre dedicate alla storia dell'edificio, ammirano gli scintillanti gioielli della Corona e si lasciano affascinare dai racconti sulla famigerata prigione e sui suoi ospiti.

Tra questi sfortunati vi fu anche un personaggio illustre: Sir Henry Wyatt. Nato nel 1460 nello Yorkshire, Wyatt si era schierato dalla parte di Henry Tudor, conte di Richmond, durante la fase finale della Guerra delle due rose. Per questo atto di insubordinazione l'allora sovrano Riccardo III lo aveva fatto rinchiudere nella Torre di Londra dove il freddo, le torture e la fame non ne avrebbero fiaccato solo la volontà ma lo avrebbero condotto a morte certa se un gatto... non ci avesse messo lo zampino! Il provvidenziale felino era entrato un giorno infilandosi tra le sbarre della finestra della cella e tra i due era nata presto un'amicizia.

Il prigioniero, rallegrato dall'inattesa compagnia, parlava con il micio, lo riempiva di carezze, lo accoglieva con entusiasmo tutte le volte che lo vedeva. In breve, Wyatt si era conquistato la fiducia del randagio e lui lo ricambiava offrendogli i suoi trofei di caccia, un vero dono del cielo per quell'uomo stremato dalla fame!

Il prigioniero, infatti, era riuscito a convincere la guardia a cucinare i piccioni che il gatto gli portava e a servirglieli come pasto.

Grazie all'aiuto del felino, che per questo suo ruolo di dispensiere venne battezzato Acater (termine arcaico per *caterer*, in inglese significa: "colui che si occupa degli approvvigionamenti"), Wyatt riuscì a sopravvivere alla durezza del carcere e a riconquistare la libertà quando Riccardo III venne spodestato ed Enrico Tudor salì al trono come Enrico VII.

Wyatt non dimenticò chi lo aveva salvato da una morte certa e fino alla fine della sua lunga vita (morì che aveva quasi ottant'anni) nutrì un particolare affetto per i gatti.

**Indirizzo** Torre di Londra, Londra EC3N 4AB, Regno Unito | **Mezzi pubblici** Tower Hill (metro) | **Orari** Marzo-ottobre, mar-sab 9-17, dom 10-17:30; novembre-febbraio, mar-sab 9-16:30, dom 10-16:30, lunedì chiuso; costo del biglietto: 22 sterline.

# 2 Ahmedabad

*Se il nome di un gatto diventa un affare di Stato*

È proprio vero: ai gatti come agli uomini toccano frequentemente nomi sofisticati, che a volte risultano così lunghi e insoliti da venire presto abbreviati. È di certo più comodo gridare: "Eddi, giù le zampe da quella bistecca!" anziché: "Eduard, fammi il favore di non divorare quella bistecca!". Ciò non toglie che il nome Eduard andrebbe benissimo per un gatto e sicuramente non darebbe problemi, al contrario di Ahmedabad, l'appellativo scelto per un piccolo innocente siamese dai suoi padroni all'inizio degli anni Sessanta.

L'idea era molto carina e anche originale, soprattutto se si pensa che il gatto apparteneva alla famiglia dell'ambasciatore americano in India, John Kenneth Galbraith. L'animale era entrato a far parte della famiglia Galbraith come dono ufficiale dello stato federale indiano del Gujarat. In realtà i felini regalati erano stati due, ma dell'altro non conosciamo il nome. Quello saltato alla ribalta della cronaca si era deciso di battezzarlo Ahmedabad, dal nome della città in cui era nato.

Immaginate un po': come se uno pensasse di chiamare Palombara Sabina il proprio amico a quattro zampe perché quello è il suo luogo di nascita. Divertente ma decisamente poco pratico. Non a caso, nella quotidianità Ahmedabad veniva abbreviato in Ahmed.

Non era trascorso molto tempo da quando Ahmedabad era entrato nella vita dei Galbraith che le violente rimostranze dei musulmani del vicino Pakistan fecero capire alla famiglia dell'ambasciatore americano, piuttosto impreparata in materia di religione musulmana, in quale impasse diplomatico si fosse andata a infilare. Il nome abbreviato del gatto – Ahmed – infatti è uno dei tanti appellativi del profeta Maometto e chiamare così un quadrupede era considerato un vero sacrilegio.

L'ambasciatore americano provvide immediatamente a porre rimedio alla gaffe ribattezzando il felino Gujarat: un nome di certo meno rischioso e più facile da chiamare.

# 3 Aoshima

*L'isola dei gatti*

Negli ultimi settant'anni Aoshima, ex villaggio di pescatori su un isolotto di fronte alla più grande isola di Shikoku, ha conosciuto un destino singolare. Se nel 1945 qui si contavano ancora novecento anime che vivevano dei proventi della pesca, oggi la località ospita soltanto ventidue abitanti di età avanzata che hanno scelto di trascorrere nella quiete e nel silenzio dell'isola quanto ancora gli resta da vivere.

La pace tuttavia è finita da quando si sono accesi i riflettori sui centoventi gatti che abitano l'isola, portati qui in origine per tenere lontani i topi dalle imbarcazioni da pesca. Grazie all'abbondanza di cibo e all'assenza di competitori naturali, i felini si sono moltiplicati a dismisura fino a diventare i padroni di Aoshima.

Oggi s'incontrano ovunque: al porto, per le strade, sulle scalinate e sui numerosi piccoli scogli. Sono diventati di fatto un'attrazione turistica. I visitatori giungono ogni giorno dalla terraferma, che dista solo trenta minuti di traghetto.

Una volta sbarcati, i gitanti circolano per Aoshima – località per il resto priva di ristoranti, chioschi o negozi – e vanno in cerca di gatti da fotografare, invadendo gli spazi privati spesso senza mostrare alcuna forma di rispetto nei riguardi degli abitanti e delle loro tradizioni.

Non immaginano minimamente che il loro passaggio arrechi più danni che vantaggi e che per molti residenti non siano i benvenuti. Peraltro la tendenza diffusa a dare da mangiare a questi animali ha finito per determinare in loro significativi mutamenti comportamentali. Così, il tasso di crescita della colonia felina di Aoshima è aumentato e si è spezzato un equilibrio che durava da decenni.

La castrazione rappresenta certo una soluzione per cercare di contenere il numero di gatti presenti sull'isola. Rimane tuttavia la grande sfida di riuscire a conciliare il rispetto di antiche tradizioni, le esigenze della popolazione anziana e i desideri dei turisti.

# 4 Armellino

*Ritratto di gatto*

Le prime raffigurazioni di gatti risalgono a circa cinquemila anni fa. Nella parte meridionale dell'Iraq – dove tremila anni or sono sorgeva la città sumera di Ur e oggi si è sviluppato il moderno centro di Tell el-Muqayyar – è stato rinvenuto un sigillo cilindrico dell'epoca sul quale è rappresentato un animale simile al gatto.

Nell'iconografia dell'antico Egitto, a partire dal 2000 a.C., troviamo la prima attestazione dei gatti come animali domestici, spesso raffigurati adorni di gioielli, accucciati ai piedi delle loro padrone o mentre partecipano a battute di caccia nelle paludi. Con l'affermarsi del culto della dea Bastet le rappresentazioni di gatti crescono a dismisura.

Con il passare dei secoli il gatto si diffuse anche in Oriente e in Cina, dove era apprezzato per le sue qualità di cacciatore. Intorno al 900 d.C., tuttavia, comincia a prevalere la sua funzione di animale da compagnia, soprattutto per le donne costrette in casa dall'affermarsi dell'usanza di legare loro i piedi, che ne limitava ovviamente la libertà di movimento. A questa epoca risalgono numerose storie e rappresentazioni di gatti in compagnia delle padrone e dei loro figli. Sempre in Cina, nell'iconografia funebre, troviamo immagini di gatti con graziosi collari o con un uccello invece del classico topo come trofeo di caccia. Qui è stata scoperta anche la prima raffigurazione di un gatto rosso e bianco, dipinta nel XII secolo dal pittore di corte Li Di.

In Europa, il primo ritratto individuale di un gatto si deve a Giovanni Reder, artista che visse e lavorò in Italia tra il 1693 e il 1765. A Reder la poetessa romana Alessandra Forteguerra commissionò il dipinto del suo adorato micio di nome Armellino. Il sonetto del poeta Sperandio Bertazzi, raffigurato nel quadro, descrive il profondo affetto di Alessandra verso il suo amico a quattro zampe. Così la poetessa italiana è diventata l'indiscussa "gattar dell'età barocca".

PER VN BACIO DATO
DA VNA BELLA E GRANDE
AD VN GATTO
SONETT
Questo scolpito in tela
Gustò di Bella Dea
E al Viuo poscia
Si tien ben custodito, e
Affinchè possa appien
Qual Armellin, che
E acciò preso non sia,
Astare in Bosco, o in
Così Tù ancora, o
Serba intatta la
E à Colei pensa sol,
E fà che solo a Mè
Che un Bacio
Bacio Amoroso

# 5 Asilo “Il gatto”

*Quando l'architettura s'ispira al mondo animale*

Una casa-gatto? Ebbene sì, esiste. Parliamo del giardino d'infanzia situato a Karlsruhe nel quartiere di Wolfartsweier, una zona della città che, oltre a una storia antichissima – si parla addirittura della metà del XIII secolo – oggi può vantare anche un'opera architettonica unica nel suo genere.

Nel 2001, infatti, su disegno dell'artista Tomi Ungerer, l'architetto Ayla-Suzan Yöndel ha realizzato qui un asilo, costato 1,5 milioni di euro. Fin dalla sua inaugurazione, nel febbraio del 2002, la grande pancia del *Gatto che va a caccia* è diventato uno spazio dedicato al gioco e all'apprendimento per i cento bambini che frequentano la scuola.

Il muso dell'animale, con un tappeto rosso al posto della lingua, funge da ingresso della scuola mentre uno scivolo sistemato nella coda conduce sul retro e di qui all'esterno. Nella pancia si trovano la tromba delle scale, gli armadietti e gli accessi ai vari ambienti. Le orecchie e le zampe ospitano piccole nicchie che i bambini possono utilizzare a loro piacimento. Dalle finestre circolari, che all'esterno appaiono come gli occhi del gatto, la luce filtra nello spazio circolare destinato al gioco, mentre i peli dei baffi nascondono le grondaie.

Ungerer, illustratore e grafico di origini alsaziane, è un grande appassionato di gatti e per il progetto si è ispirato proprio al suo Piper, in onore del quale ha voluto creare una sorta di monumento. “Piper era capace di catturare tre topi in un colpo solo: due con le zampe e il terzo con la bocca”.

Visto da lontano l'edificio sembra una scultura percorribile a piedi: proprio l'effetto che Ungerer voleva ottenere. Nelle intenzioni dell'artista il *Gatto che va a caccia* vuole essere un omaggio all'amicizia franco-tedesca ed esprimere l'auspicio di una cooperazione senza confini tra il Baden-Württemberg e l'Alsazia.

Un'idea che sicuramente la casa-gatto apprezzerebbe, se solo potesse esprimere il suo gradimento con le fusa.

Indirizzo Asilo “Il gatto”, Wettersteinstraße 16a, 76228 Karlsruhe-Wolfartsweier. L’asilo è visitabile solo esternamente | Un suggerimento Presso il vicino zoo di Karlsruhe è possibile ammirare rari esemplari di gatto di Geoffroy.

# 6 Azraël (Birba)

*L'incubo dei puffi*

Se inseriamo il nome Birba in un motore di ricerca i primi risultati riguardano nell'ordine una catena di abbigliamento per bambini, il nome di un Bed and Breakfast, un parco divertimenti nei dintorni di Roma e solo in quarta posizione troviamo il Birba che stavamo cercando. Eppure non si può certo dire che si tratti di un personaggio di secondo piano!

In realtà il compagno del mago cattivo Gargamella basta da solo a portare scompiglio nel mondo dei puffi. Quanto a cattiveria, o meglio al serio impegno nel comportarsi da cattivo, il gatto dal pelo tra l'arancio e il marrone e gli occhi gialli non è certo secondo al suo padrone.

Se nei disegni originali Birba figurava senza una parte dell'orecchio destro, nelle versioni successive, soprattutto quelle dei cartoni animati, la sua fisionomia risulta mutata: il colore è più marroncino e le orecchie appaiono come per incanto tutte intere.

La prima apparizione di Birba risale al 1959 in *Il ladro di puffi*. Gargamella ha bisogno dei puffi per trasformare del vile metallo in oro e riesce a catturarne uno. Birba vorrebbe mangiarlo, ma il suo padrone glielo vieta. Così da allora il gatto appare impegnato in una caccia incessante ai nanetti blu. L'animale comunica con Gargamella a suon di miagolii che il mago traduce in parole. Nei fumetti a volte i suoi pensieri sono nuvolette con immagini dei puffi e solo in un racconto, *Il puffo burlone* (1990), gli viene attribuito un monologo interiore. Birba comunque non è sempre schierato con il suo padrone che, in fondo in fondo, non gli sta poi così simpatico. Basti dire che in un episodio nel quale acquista casualmente poteri magici, il nostro gatto pensa bene di imprigionare il mago cattivo in uno scantinato.

Nel 2011 i puffi, e con loro naturalmente anche Birba, sono usciti nelle sale cinematografiche in versione tridimensionale. Sul grande schermo Birba è molto simile a un gatto reale, se non fosse per la sua peculiare mimica.

# 7 Bastet

*La dea felina*

In ogni gatto si nasconde un piccolo leone o almeno questo piace credere a chi ne ha scelto uno per amico. In effetti, per quanto tenero, affettuoso e coccolone, il gatto può improvvisamente rivelare tutta la sua indole selvatica.

La dea dell'antico Egitto Bastet rappresentava l'incarnazione perfetta di questo singolare connubio. In origine vi era stata la dea-leonessa Sekhmet (letteralmente "colei che è potente"), imprevedibile, selvaggia e pericolosa, che i fedeli blandivano con dolci melodie e offerte votive. Il mito racconta che successivamente il dio Thot, con il suo magico tocco, trasformò l'indomita Sekhmet nella splendida e assai più docile Bastet.

Intorno al 1000 a.C. il culto di questa divinità raggiunse il suo apogeo: la città di Bubasti vantava numerosi templi eretti in suo onore e persino una gigantesca necropoli dedicata ai gatti. In occasione della festa di Bastet, mezzo milione di persone affluiva in città portando in dono mummie di gatto come offerte votive.

Bastet era figlia e sposa del dio del sole Ra; veniva rappresentata con in mano un amuleto contraddistinto dall'immagine dell'occhio (di gatto) che tutto vede. Dal nome di questo amuleto "uchat" deriva probabilmente la maggior parte dei termini indo-germanici per gatto: cat, chat, cattus, Katze. Intorno al 300 a.C., in Macedonia il nome Bastet fu trasformato in "pasht" all'origine di parole indoeuropee come "pussy".

La dea Bastet aveva il corpo di donna e la testa di gatto. Era la dea dell'amore e della fertilità e veniva spesso raffigurata con dei gattini ai suoi piedi, simbolo della protezione che esercitava sui bambini. Era anche la dea delle partorienti, della danza, della musica, delle feste e della gioia e dunque è facile immaginare lo spirito che animava le celebrazioni organizzate in suo onore, chiamate Bubasteia.

Il culto dei gatti legato alla dea Bastet si protrasse dal 2600 a.C. fino all'epoca greco-romana.

**Un suggerimento** “Nelle case in cui un gatto muore di morte naturale tutti gli abitanti della casa si radono le sopracciglia [...]. I gatti morti vengono trasportati in ricoveri sacri, dove vengono imbalsamati e seppelliti nella città di Bubasti” (Erodoto, *Storie*, II, 66-67).

# 8 Blau Miau

*Il gattone che fa sembrare gli uomini dei topolini*

Nel 2005 la scultrice e pittrice tedesca Carin Grudda ha dato vita a un'originale creazione: dopo aver modellato tre tonnellate di argilla le ha fuse nel bronzo e poi ha assemblato con il saldatore i ventisette pezzi ottenuti realizzando così una sorta di puzzle tridimensionale alto 375 centimetri, largo 190, lungo 4,40 metri e del peso di 1.200 chilogrammi, dal titolo Blau Miau. Il bronzo è stato colorato a fuoco in una particolare tonalità di blu con una tecnica mista, segreto dell'artista.

Il colore evoca il mare e la profondità solitamente collegati al principio femminile, ma anche il cielo e i grandi spazi associati al principio maschile. Così, femminile e maschile s'incontrano all'orizzonte e trovano la propria ragion d'essere nella ricerca della prossimità e nello struggimento per la lontananza, assurgendo a simbolo di un concetto che è alla base del romanticismo.

"Mi ha ispirato la natura ambivalente dei gatti," spiega Carin Grudda, "la loro dolcezza, la tenerezza, l'attaccamento. Da secoli i gatti vivono accanto all'uomo eppure rimangono liberi, indipendenti, non addomesticabili. Con spavalderia e forse una dose eccessiva di fiducia in se stessi affrontano il pericolo persino quando sono piccoli, di qui anche la loro fragilità. Era proprio questa ambivalenza, questo ego smisurato che volevo esaltare e rendere palpabile: un po' arrogante, un po' irriverente, ma anche divertente. Mentre si gira intorno a Blau Miau si può accarezzarne la pancia, il punto più sensibile e rendersi conto della propria piccolezza. In effetti, al cospetto del gattone, gli uomini diventano dei topolini..."

Dal 2006 al 2014 la scultura è stata collocata davanti alla sede del Consiglio regionale di Kassel, poi ha preso la via di Brema e successivamente quella di Baunatal.

Per un certo periodo di tempo l'impronta delle sue zampe e un cartello hanno informato i passanti che Blau Miau sarebbe stato via da Kassel per un po'.

**Orari** Il parco di sculture dell'artista "Tra i Mondi", a Lingueglietta (Imperia), è aperto in estate con i seguenti orari: lun-dom, 15-19.

# 9 Bob il randagio

*Have you seen the streetcat, who walks the streets of London*

Solo nei paesi di lingua tedesca ha venduto più di un milione di libri, la sua storia è stata tradotta in quasi quaranta lingue e i click dei suoi video su YouTube si contano a milioni: Bob il randagio o, per dirla in inglese, "A Streetcat Named Bob" – gioco di parole su *A Streetcar Named Desire* (*Un tram chiamato Desiderio*) di Tennessee Williams – può essere considerato a ragione una vera star internazionale. Eppure il celebre gatto, come del resto il suo padrone James Bowen, non si danno certo delle arie. La loro è una storia breve e del tutto singolare.

I due si sono conosciuti in un momento difficile per entrambi. James era schiavo della droga e senza fissa dimora, Bob viveva una vita difficile da randagio per le strade di Londra e una sera trovò riparo nella tromba delle scale della casa di James, che solo il giorno dopo si accorse della presenza del gatto.

L'animale era dolorante a causa di una brutta ferita alla zampa posteriore sinistra. James decise di prendersi cura di lui senza immaginare come sarebbe cambiata la sua vita a partire da quel momento. Lo portò da un veterinario e spese i suoi ultimi penny per curarlo e nutrirlo.

Il senso di responsabilità e l'affetto nei confronti dell'animale, calorosamente ricambiato da quest'ultimo, fecero scattare in James la voglia di risalire la china e di dare una svolta alla propria vita. Da allora Bob non si è più separato dal suo padrone, che accompagna ovunque: da quando suona per la strada a quando vende i giornali. Grazie ai video che i passanti hanno caricato su internet, Bob è diventato una celebrità. Poi sono arrivati i libri.

Oggi i due vivono in un modesto appartamento di tre camere. Ma James non ha dimenticato il passato e ha scelto di sfruttare la sua popolarità e quella del suo amico a quattro zampe per aiutare i senza fissa dimora e coloro che versano in situazioni di disagio sociale.

A Bob e a James l'augurio di una lunga e felice vita insieme.

# 10_Bygul e Trjegul

*I gatti che trainano il carro di Freya*

Di taglia grande, lungo, di costituzione robusta e con una solida struttura ossea, il gatto delle foreste norvegesi ha il pelo semilungo. Le orecchie sono grandi, larghe alla base e appuntite. Il sottopelo lanoso è ricoperto da un lucido mantello di copertura, formato da peli lunghi e grossi che ricoprono la schiena e i fianchi. Un felino in pieno pelo ha una gorgiera, una criniera completa e "pantaloncini" sulle zampe posteriori. Queste sono le caratteristiche del *norsk skogkatt* secondo gli standard attuali della razza.

E questa è anche l'immagine che probabilmente avevano dinanzi agli occhi i vichinghi quando attribuirono una fisionomia ai due felini che accompagnano la dea Freya: Bygul ("oro delle api" o miele) e Trjegul ("oro degli alberi" o ambra).

Secondo la leggenda i due animali erano talmente grossi e pesanti che neanche il dio del tuono Thor – che pure riusciva a maneggiare il celebre Mjölnir, il pesantissimo martello – era stato in grado di sollevarli da terra e di tenerli in braccio. A proposito di questo episodio però non è da escludere che potesse averci messo lo zampino Loki, il più astuto tra gli dei del pantheon scandinavo, e che si fosse trattato di uno scherzo tra divinità.

Probabilmente Freya, dea della primavera, della gioia, della fecondità e del desiderio erotico, aveva scelto i gatti perché erano i suoi animali preferiti. Nessuno dubiterà del resto che i felini fossero decisamente più coccoloni del cinghiale Hildeswin, che spesso l'accompagna lasciandosi anche cavalcare da lei.

Bygul e Trjegul trainano il carro di Freya mentre attraversa i bagliori danzanti dell'aurora boreale, diretta verso le regioni del polo nord e figurano come suoi fedeli accompagnatori.

Lo stretto legame che la religiosità popolare aveva istituito tra Freya, divinità dalla spiccata connotazione sessuale, e i gatti sarebbe costato caro a questi animali diversi secoli dopo, quando il cristianesimo tentò d'imporre la propria morale attraverso l'Inquisizione.

**Un suggerimento** Il gatto delle foreste norvegesi – *norsk skogkatt* – appartiene a quelle razze naturali che si sono sviluppate senza l'intervento dell'uomo. Le prime immagini di questa specie figurano già su monete di epoca vichinga.

# 11 Un caffè al Cat Café

*Il caffè più caro del mondo*

Se in un Cat Café volete provare anche un caffè speciale date un'occhiata alla carta e cercate nomi come Kopi Luwak, Kape Alamid o Philippine Civet Coffee. Mi raccomando: non spaventatevi alla vista dei prezzi, che in Europa si aggirano intorno ai 1.000 euro al chilo! A giustificare queste cifre da capogiro però non sono né la qualità né la provenienza esotica della bevanda: Sumatra, Java, Sulawesi o i monti del sud di Mindanao. Ebbene no!

I maligni potrebbero dire in questo caso che i soldi si fanno con la cacca… e come dargli torto, considerata la particolare lavorazione che subisce la materia prima di cui sono fatte le bevande sopra nominate? Questi caffè infatti sono prodotti dalle bacche ingerite, parzialmente digerite e defecate dallo zibetto, un viverride selvatico. Ma questo animale, proprio come i gatti, non fa sempre ciò che il contadino vorrebbe facesse. A volte è schizzinoso come i nostri amici a quattro zampe, dipende dal tipo di cibo. Se mangia le bacche del caffè allora tutto bene. Durante il processo digestivo si liberano degli enzimi che provocano la fermentazione dei chicchi conferendo loro un gusto amaro e un po' acido e il caffè avrà così il suo aroma inconfondibile.

Considerato però che molto spesso lo zibetto arricchisce i suoi pasti con "condimenti" a base di insetti, vermi, piccoli uccelli e roditori, è evidente come l'aleatorietà di questo tipo di produzione ne determini gli alti prezzi.

Sfortunatamente, la prospettiva di lauti guadagni ha spinto i contadini a catturare gli zibetti selvatici, che vengono costretti a vivere in cattività e ad alimentarsi esclusivamente con le bacche del caffè. Ciò ha determinato carenze nutrizionali e problemi comportamentali per questa specie. Già da alcuni anni le associazioni animaliste hanno segnalato il problema e mi domando a questo punto se anche voi, ora che sapete tutto ciò, avrete il coraggio di ordinare un Kopi Luwak in un Cat Café.

# 12 Cat Café

*Fuori solo gatti*

Tokyo, Londra, Vienna, Berlino: da un paio di anni a questa parte, una moda diffusasi in Asia e soprattutto in Giappone, ha raggiunto anche l'Europa. Parliamo dei Cat Café ovvero "cibo, caffè e gatti".

L'arredamento degli ambienti spazia dall'antico (tutto puff e cuscini felpati) al moderno, dal colorato al monocromo nei toni del grigio, dall'iper-decorato all'essenziale. Una cosa però accomuna questi locali: il fatto di rappresentare innanzitutto una casa vera e propria per i gatti che vi "lavorano" e che qui si sentono non ospiti ma padroni di casa.

Ecco perché in questi caffè, oltre naturalmente a immagini ispirate al mondo felino, non possono mancare gli accessori per il divertimento delle principali attrazioni del locale: i gatti appunto.

Per essere "assunti" questi ultimi devono soddisfare certi requisiti: essere curiosi, socievoli e soprattutto coccoloni. Vivere nel caffè, con il suo flusso continuo di avventori, non deve costituire per gli animali motivo di stress. Per questo è stato previsto un ambiente riservato esclusivamente a loro, dove possano ritirarsi. In alcuni locali esistono anche degli spazi esterni. Chiaramente questo lavoro non si confà a gatti timidi e diffidenti.

I frequentatori dei Cat Café sono soprattutto donne che vengono qui a coppie o in piccoli gruppi, ma molte anche sole. E i gatti possono assolvere svariate funzioni: sostituti degli animali domestici per chi non li ha, compagni rilassanti per la pausa pranzo o per concludere piacevolmente una giornata di shopping.

Cibi e bevande sono preparati in spazi rigorosamente separati dagli animali per cui potete stare tranquilli che le lingue di gatto che vi saranno servite insieme al caffè sono sicuramente solo di cioccolata!

È scientificamente provato che tenere in grembo un gatto che fa le fusa faccia abbassare la pressione, ma non so quanto questo interessi gli ospiti del locale... probabilmente lo sapevano già senza bisogno dei medici.

**Indirizzo** Romeow Cat Bistrot (nella foto), via Francesco Negri 15, Roma, Italia | **Orari** Merc-dom 11-23 | **Un suggerimento** Un vero cat Café nel quartiere Ostiense. Per gli amanti del cibo naturale, del design e, ovviamente, dei gatti!

# 13 Cat o'nine tails

*Il gatto a nove code*

La punizione doveva essere non solo dura, ma anche rispettosa delle norme igieniche. Fino alla metà dell'Ottocento la fustigazione con il gatto a nove code ha rappresentato un provvedimento disciplinare previsto dal codice della marina americana e inglese. Bastava la minima infrazione perché un comandante comminasse al marinaio negligente la pena di dodici frustate con il gatto a nove code. La sentenza veniva eseguita il giorno successivo e il marinaio doveva poi provvedere a realizzare una nuova frusta perché non era consentito impiegare la stessa una seconda volta.

Come materiale di fabbricazione si usava della canapa catramata; il pomello che chiudeva il manico consisteva in un nodo marinaro. Il manico era rivestito in pelle. Dopo aver eseguito un nodo da cima si realizzava la minutenza che veniva chiusa da un nodo turco. Lungo le "code" si trovano dei nodi a una certa distanza l'uno dall'altro.

Per colpe particolarmente gravi il numero di frustate superava il centinaio: in quel caso il condannato andava incontro a morte certa data la profondità delle ferite e la gravità dell'emorragia procurata dai colpi inferti. L'atteggiamento nei riguardi della pratica della fustigazione come punizione ufficialmente riconosciuta sarebbe cambiato solo intorno alla metà dell'Ottocento. Decisiva in tal senso fu la pubblicazione, nel 1840, da parte di Richard Henry Dana Junior del libro *Due anni a prora*. Qui l'autore – uomo politico e giurista nato in Massachusetts nel 1815 – raccontava il proprio viaggio per mare come semplice marinaio, sulla nave *Alert* dove aveva imparato a temere la terribile pena. Il bestseller di Dana fu portato davanti al Congresso americano che decise di vietare l'uso del gatto a nove code. Presto anche la giurisprudenza inglese si adeguò.

Oggi il gatto a nove code viene usato come accessorio nelle feste e nelle rappresentazioni di scene piratesche o per le flagellazioni legate alle pratiche sadomaso.

# 14_Catwoman

*"Non pestare mai la gatta, Stan. Mai".*

Chi immagina che a pronunciare queste parole sia una zitella di mezza età dai capelli arruffati con una tribù di gatti che le gira intorno, si sbaglia di grosso. Catwoman ha sicuramente superato la settantina, ma nonostante questo continua a essere giovane, bella e attraente come un tempo.

Il segreto sta nel fatto che i suoi creatori, Bill Finger e Bob Kane, l'hanno resa famosa nel 1940 come personaggio dei fumetti (pubblicati dalla DC Comics) e questi, si sa, non invecchiano mai.

Il vero nome di Catwoman è Selina Kyle, una ragazza cresciuta insieme alla sorella e ai gatti in una famiglia disastrata, circostanza che non ha certo influito positivamente sulla sua crescita. Selina infatti si è data a una vita di furti per le strade di Gotham City, mentre sua sorella ha preso la via del chiostro. Un colpo tira l'altro e le cose non sempre vanno bene, ma grazie alla sua ambizione Selina è diventata una ladra professionista a tutti gli effetti.

L'incontro con Bruce Wayne, alias Batman, segna il suo destino sentimentale. Malgrado tra i due ci siano sempre scintille quando s'incontrano, rimangono comunque su fronti opposti. Il singolare travestimento dell'uomo pipistrello spinge Selina a inventare una sua personale "tenuta da lavoro": una maschera da gatto e una tuta in pelle fasciante che lascia ben poco spazio all'immaginazione. Gran parte del suo tempo Catwoman lo passa a difendere il proprio territorio dai veri cattivi e questa sua guerra su due fronti la porta a incontrare di tanto in tanto Batman. Mai perdere la speranza...

Quando non è in ricognizione per Gotham City, Catwoman si prende cura di ragazze sfortunate che le ricordano il suo passato, e naturalmente dei gatti. Difficile che riesca a lasciare il gattile senza portarsene via almeno uno, piuttosto li prende tutti con sé. E questo significa che presto o tardi sarà lei la zitella di mezza età dai capelli arruffati attorniata da una tribù di gatti.

**Un suggerimento** Halle Berry ha interpretato il ruolo di Catwoman nell'omonimo film del 2004. La pellicola, che ha decisamente deluso le aspettative, si è dovuta accontentare del Razzie Award 2005.

# 15 CC – Copy Cat

*Cloni felini*

Il nome CC sta per Carbon Copy: copia carbone. Un nome quanto mai appropriato visto che si tratta del primo esemplare al mondo di gatto clonato. Due giorni prima della vigilia di Natale del 2001, la madre surrogata, dal pelo tigrato grigio, ha partorito CC tramite cesareo.

La sua pelliccia è diversa da quella tartarugata bianca con striature grigie del gemello genetico, ma i ricercatori non sono rimasti delusi. È noto infatti che il disegno del pelo non dipende esclusivamente dalla genetica ma anche da fattori che possono aver influenzato la gravidanza. Malgrado il colore diverso, CC è la copia genetica della madre da cui è stato clonato. Mark Westhusin, Tae Young e il loro team hanno atteso comunque due mesi prima di renderne nota la nascita.

Volevano essere certi, infatti, che il gattino sopravvivesse, essendo stato l'unico degli 87 embrioni clonati a superare la gestazione e il parto, laddove gli altri erano morti per lo più durante le prime fasi dello sviluppo. Originariamente i ricercatori della Texas A&M University si erano orientati verso la clonazione di cani ma, dopo ripetuti fallimenti, hanno deciso di cambiare specie.

L'esperimento è stato finanziato dalla Genetic Savings & Clone. L'azienda era convinta che la clonazione di animali domestici potesse diventare un mercato redditizio, ma aveva fatto male i suoi calcoli. Malgrado esistano padroni disposti a spendere 50.000 dollari pur di avere il clone del loro adorato felino, si tratta di casi isolati, incapaci di creare un vero mercato. Ed è giusto così: il clone ha comunque la sua personalità che non sarà mai uguale a quella del gemello genetico; per questo un randagio adottato può riuscire altrettanto bene a lenire il dolore per la perdita del proprio amato micio.

CC non si è mostrata finora interessata ai clamori della cronaca. Nel 2006 ha partorito tre cuccioli per vie naturali e vive felice insieme a Duane Kramer, una collaboratrice del progetto.

# 16_Chat Noir

*Il gatto nero di Montmartre*

Abbandonata la piccola città di provincia di Châtellerault, in fuga da un padre inflessibile, Rodolphe Salis era approdato a Parigi. Qui, constatato il naufragio delle sue ambizioni di pittore e grafico, fece ciò che molti artisti falliti ancora oggi fanno: aprire un locale.

All'epoca nessuno poteva immaginare che Le Chat Noir (Il gatto nero) sarebbe entrato nella storia del cabaret grazie al progetto innovativo dei suoi fondatori: Salis, appunto, e lo scrittore Émile Goudeau.

I due decisero infatti di creare un "cabaret artistique", un luogo dove il pubblico, oltre a mangiare e bere, poteva assistere a rappresentazioni letterarie animate da uno spirito mordace. Il 18 novembre 1881 è universalmente considerato ancora oggi la data di nascita del cabaret letterario.

Politica, attualità, rapporti sociali, perbenismo: gli artisti prendevano di mira tutto questo, con toni irrisori e un pizzico di follia e di cattiveria, spingendosi in genere ai limiti del lecito ma spesso, con gran divertimento del pubblico, anche oltre.

Quello che in origine era stato pensato come un circolo letterario privato conobbe una notorietà crescente, al punto che gli spazi si rivelarono presto troppo angusti. Le Chat Noir diventò il ritrovo di artisti e bohémien, ma col tempo anche degli esponenti della raffinata società dell'epoca. Le lunghe code che si formavano davanti al locale disturbavano spesso gli spettacoli, tanto che alla fine Salis si vide costretto a trasferire il cabaret nell'odierna rue Victor Massé.

Al 1892 risale la prima tournée dello Chat Noir. La compagnia tenne spettacoli in Francia, Belgio, in alcuni centri della Svizzera, in Algeria e in Tunisia. Dopo la morte improvvisa per tubercolosi di Salis nel 1897 lo Chat Noir venne chiuso e sulla tomba del suo fondatore si legge questo epitaffio: "Dio ha creato il mondo, Napoleone la Legion d'onore, io Montmartre".

*Enchanté!*

Prochainemen
TOURNÉE
DU
CHAT
NOIR
DE
RODOLPHE SALIS

# 17 Chico

*Un amore segreto*

I pareri su Chico sono decisamente discordi: il fratello del papa dice una cosa, mentre i vicini di vecchia data che si prendevano cura della casa del pontefice a Pentling sostengono l'opposto. Ed è proprio in casa loro che Chico è vissuto fino alla fine.

Nel libro *Mio fratello il papa* Georg Ratzinger, fratello di Benedetto XVI, descrive il gatto tigrato rosso come un animale difficile, soggetto a malumori che lo rendevano capace di graffiare e mordere con tale violenza da dissuadere persino il papa dal fargli una carezza.

Completamente diversa la testimonianza degli Hofbauer, che hanno ospitato Chico insieme ai cani Ingo, Leo e Lea e lo descrivono come un animale dolce, affettuoso, pronto a seguire ovunque il papa durante i soggiorni nella casa di Pentling.

Ad ogni modo, Chico è diventato famoso grazie a un libro per bambini di cui è il protagonista principale accanto all'ex pontefice. Nel testo Jeanne Perego descrive la vita di Joseph Ratzinger, il futuro Benedetto XVI, dal punto di vista del suo gatto.

Questa notorietà, a cui Chico non si è mostrato interessato più di tanto, non era particolarmente gradita dagli Hofbauer, desiderosi che l'animale vivesse una vita normale, a prescindere dall'illustre amico. Non sappiamo se il micio portasse anche davanti alla porta di casa Hofbauer i resti dei topolini che aveva cacciato, come faceva con il papa.

In qualche modo la figura di Chico ha fatto sentire la sua influenza anche a Roma. Già all'epoca in cui era prefetto della Congregazione della Dottrina per la Fede, Ratzinger, da amante dei gatti qual era, si prendeva cura dei randagi che frequentavano il giardino del suo ufficio come se questo in qualche modo gli facesse sentire meno la mancanza di Chico: un deciso passo avanti rispetto al suo predecessore che invece li cacciava via sistematicamente.

Chico è morto nel 2013 all'età di dodici anni. È sepolto in giardino e una piccola croce di legno ne indica la tomba.

## 18 Choupette Lagerfeld

*La Greta Garbo dei gatti…*

…così la definisce il suo padrone, confessando pubblicamente che sposerebbe senza pensarci un attimo la sua gatta-diva dagli occhi blu, brillanti come stelle. E il suo padrone altri non è che Karl Lagerfeld. Il celebre stilista non immaginava proprio che le cose sarebbero andate così quando – come si legge in un'intervista rilasciata al *New York Magazine* – aveva accolto come ospite Choupette soltanto per fare una cortesia al modello Baptiste Giabiconi.

La permanenza doveva essere di quindici giorni e invece la gatta birmana non ha più lasciato la casa di Lagerfeld e da allora i due vivono in simbiosi. Inutile dire che Choupette è accudita come una regina, con due cameriere personali che provvedono a farla bella e a intrattenerla, un cuoco che si occupa del suo benessere fisico e una guardia del corpo.

La carriera della gatta invece è gestita dallo zar della moda in persona con la maestria e la grandiosità che gli sono proprie. Sono bastati due ingaggi soltanto perché Choupette guadagnasse nel 2014 circa tre milioni di euro, prestando la sua immagine per l'ultimissimo modello di una marca di auto tedesca e per una linea giapponese di cosmetici. Così la "Greta Garbo dei gatti" è divenuta una star indiscussa della pubblicità e in quanto tale ha ovviamente un suo profilo Instagram, Twitter e Facebook, con circa cinquantamila follower e il suo hashtag preferito è #meow.

Nata il 15 agosto 2011, Choupette possiede un iPad, ha una vera passione per il caviale e quando soggiorna a New York può ammirare lo skyline della città dalla finestra della sua camera personale in un albergo a cinque stelle.

Il gatto birmano è una razza piuttosto socievole che ha bisogno della compagnia dei suoi simili per stare veramente bene. Ma in questo Lagerfeld non accontenterà tanto facilmente la sua Choupette, convinto com'è che lei odi i bambini e gli altri animali. Lei purtroppo non può contraddirlo: povera ricca gattina!

# 19 Il commissario Mazan

*Gatti, commissari e romanzi polizieschi*

Già da tempo sono tra noi: nascosti e silenziosi come ombre, i gatti commissario si aggirano tra le pagine dei romanzi polizieschi, da soli o al fianco di colleghi umani, sempre a caccia dell'assassino.

Alla fine degli anni Ottanta sulla scena del crimine era apparsa Mrs Murphy, all'inizio del decennio seguente anche i gatti poliziotto tedeschi hanno cominciato a fare la loro parte con onore. Il loro fascino è irresistibile: vedono e sentono meglio degli uomini, sono capaci di avvicinarsi senza farsi notare grazie ai loro passi felpati e questo li rende pedinatori e investigatori eccellenti. Insomma sono i detective perfetti.

Nel 2014 si è unito a questa schiera illustre anche il commissario Mazan, il gatto nero inventato dalla coppia di autori conosciuta con lo pseudonimo Jean Bagnol. Mazan è fuggito da una prigione-laboratorio tra le montagne del Vaucluse e ha trovato una nuova identità e una nuova casa presso l'investigatrice della squadra antidroga, per metà algerina, Zadira Matéo. Da questo momento in poi il gatto ha cominciato a girovagare per Mazan, il paesino della Provenza cui deve il suo nome, riunendo i gatti del villaggio in una squadra investigativa.

Sebbene ingordi e smemorati, questi affascinanti quadrupedi che abitano da tempo immemore la piccola località offrono un valido contributo alle indagini del loro capo. Ma i meriti del gatto commissario non si fermano qui: quando cade in trance e fa la smorfia del Flehmen (cioè mostra l'arcata superiore dei denti) riesce a vedere cose a un'incredibile distanza, una dote che la sua collega umana gli invidierebbe se solo ne conoscesse l'esistenza. Eppure né lei né gli altri abitanti di Mazan sanno quale vita singolare vivano i gatti, che oggi come ieri fanno quello hanno sempre fatto: manipolare gli umani.

Lungi dall'essere una semplice mascotte, il commissario Mazan ha una grande personalità, è caparbio e ama profondamente la libertà. E questa è la ragione del suo fascino.

**Un suggerimento** “I suoi simili si sono accontentati per lo più di blandire gli uomini con fusa e moine e di passare il resto del tempo in panciolle. È ora di scuotere questa massa” Jean Bagnole, *Mazan und die Erben des Marquis* (Mazan e gli eredi del marchese).

# 20 Delilah

*Quando fai la pipì sul mio divano chippendale*

Non a tutti è concesso l'onore di diventare la musa di una delle più grandi rockstar di tutti i tempi. C'è chi per esserlo darebbe tutto e anche di più, in particolare se la star è un talento d'eccezione come Freddie Mercury, il leader della celeberrima band inglese dei Queen.

Mercury, morto di Aids a soli 45 anni, aveva un'autentica passione per i gatti. In casa viveva insieme a ben nove felini: Tom, Jerry, Oscar, Tiffany, Goliath, Miko, Romeo, Lily e Delilah, una gatta domestica tigrata che amava dormire sopra un mucchio di panni appena lavati. Per i suoi amici a quattro zampe la rockstar comprava doni a Natale, quando era in tournée li chiamava al telefono e gli consentiva di dormire nel suo letto.

Delilah ha ispirato al cantante l'omonimo brano dell'album *Innuendo*, l'ultimo uscito prima della morte dell'artista nel febbraio del 1991. La gatta era la sua preferita ed è stata la sua fedele compagna durante tutto il periodo lungo e doloroso della malattia. Che cosa significasse e quanto fosse importante per lui lo si capisce ancora oggi ascoltando il testo della canzone del talentuoso Mercury, un vero inno d'amore: Delilah lo confortava nei momenti bui e gli strappava un sorriso, lo distraeva e gli dava speranza. Era irresistibile.

Durante la registrazione della canzone il chitarrista Brian May ha usato per la prima volta un talk box, uno strumento che consente al musicista di modificare il suono del proprio strumento attraverso il movimento della bocca in modo da ottenere l'effetto fonetico del miagolio. Alcuni passi della canzone rivelano come Delilah, al di là di tutto, rimanesse pur sempre una gatta: era lunatica, a volte mordeva e mostrava gli artigli, si divertiva a staccare la cornetta del telefono e faceva la pipì sul divano… ma il cantante le perdonava tutto.

A Delilah era consentito rimanere accanto al malato e quando Freddie Mercury è morto, il 24 novembre 1991, la gatta era naturalmente accanto a lui.

# 21 Dewey Readmore Books

*Un gatto da biblioteca*

Il 18 gennaio 1988, di prima mattina, le impiegate della biblioteca comunale di Spencer sentono dei rumori provenienti dalle cassette per la restituzione dei libri. Il primo pensiero è che si tratti di un animale smarrito che per errore è andato a infilarsi in uno dei gelidi contenitori metallici.

Ma quando Vicki Myron va a controllare, invece dello scoiattolo che si aspettava di trovare, vede un gattino infreddolito, rintanato in un angolo che la guarda con occhi tristi. Qualcuno doveva averlo gettato di notte nella cassetta.

La donna lo riscalda, lo lava e sotto uno strato di pelo grigio e rognoso scopre uno splendido manto color arancio. Malgrado la brutta nottata, l'animale ha un atteggiamento fiducioso e socievole.

Vicki, che è la direttrice della biblioteca, decide che il gattino può restare e lo battezza "Dewey Readmore Books", un gioco di parole che si riferisce, da un lato, alla Classificazione decimale Dewey (DDC), un metodo di catalogazione bibliografica per argomenti, dall'altro contiene un'esortazione a leggere di più. Quando lo si pronuncia, il nome dell'animale suona "Do you read more books?" (Leggi più libri?).

Spencer, nell'Iowa, è una delle tante cittadine americane pesantemente investite dalla crisi economica. Nel socievole gattino adottato dalla biblioteca la gente trova un diversivo e una distrazione dai suoi problemi. La vicenda richiama l'attenzione della stampa, inizialmente a livello locale. Ben presto però la fama del simpatico Dewey si espande, tanto che nel 2003 si presenta addirittura una troupe cinematografica giapponese.

Vicki Myron ha raccontato in un libro di sé, di Dewey e della gente di Spencer. Il romanzo, intitolato *Io e Dewey*, è divenuto presto un bestseller. Dewey ha vissuto fino all'ultimo giorno nella biblioteca che, dopo la sua morte avvenuta nel novembre del 2006 all'età di 19 anni, ha dedicato alla memoria del micio bibliotecario una scultura in bronzo.

DEWEY

# 22 Dinah

*...che al buio non si vede*

Tutti conoscono la stella, la celebrità che trionfa sotto le luci della ribalta, mentre la seconda fila di solito è ben poco illuminata dai riflettori. Ma non è detto che chi si dà da fare nelle retrovie non abbia spesso storie altrettanto interessanti da raccontare...

Esemplare è il caso di Dinah, il classico gatto numero due, quello che quasi nessuno conosce. Se si parla di gatti in *Alice ne Paese delle Meraviglie* viene subito in mente lo Stregatto, o gatto del Cheshire, il cui sorriso si vede anche quando tutto il resto del corpo è scomparso nel buio. Eppure è Dinah il primo felino che compare sulla scena della favola di Lewis Carroll. Alice si trova in sua compagnia all'inizio del racconto quando, dopo aver visto il Bianconiglio, decide di seguirlo nella sua tana. E proprio di Dinah Alice si preoccupa mentre precipita nel pozzo: "La gatta Dinah sentirà la mia mancanza, stasera. Spero non si dimentichino di darle il suo piattino di latte, all'ora della merenda!"

Eppure Dinah non è solo un espediente letterario per rendere più avvincente il passaggio dal mondo reale a quello fantastico. Per costruire i personaggi della storia che Lewis Carroll inventò per una bambina di nome Alice Liddell durante una gita in barca, l'autore s'ispirò in parte a persone reali: a se stesso per Dodo, al suo amico Robinson Duckworth per l'anatra e alla piccola Alice Liddell, che realmente possedeva una gattina grigia di nome Dinah, per la protagonista.

Forse proprio questa circostanza spiega perché Dinah, rispetto al gatto del Cheshire, sia un animale molto realistico. A proposito della micina Alice afferma: "La mia gatta. Fa prodigi quando caccia i topi. E se la vedessi correre dietro gli uccelli! Un uccellino lo fa sparire in un boccone".

Alice si accorge troppo tardi di quanto sia fuori luogo questa sua esternazione entusiastica a proposito di Dinah, visto che il suo interlocutore in quel momento altri non è che... un topo!

**Un suggerimento** Nel film di animazione della Disney *Alice nel Paese delle Meraviglie* del 1951, nella versione italiana, l'agile gattina grigia diventa un paffuto gatto bianco e arancione di nome Oreste, ha lucenti occhi turchese e un fiocco rosa al collo.

# 23 Duetto buffo di due gatti

*Ovvero la strimpellata rubata*

Fin da quando fu composto nel 1825 questo miagolio a due voci non ha smesso di divertire tanto il pubblico quanto gli stessi cantanti. Ne esistono versioni fantastiche eseguite da due gatti… pardon da due voci femminili, oppure da due voci maschili o anche sotto forma di duetto misto. Il testo è semplice, composto com'è da una sola parola che si ripete di continuo: miao!

In origine il pezzo era stato attribuito a Gioacchino Rossini; oggi sappiamo che questo è vero solo in parte. In effetti si trovano nel brano richiami rossiniani. La seconda parte, ad esempio, riecheggia il duetto tra Iago e Rodrigo nell'*Otello*, mentre la terza parte rinvia all'aria "Ah come mai non senti" sempre dell'*Otello*. La prima parte invece riprende la "Cavatina del gatto" del compositore e organista danese C.E.F. Weyse (1774-1842).

All'epoca in cui venne composto, questo duetto brioso non rappresentava una novità. Al di fuori della stagione lirica i cantanti erano soliti esibirsi in sale da concerto private davanti a un pubblico scelto. È facile immaginare che questo tipo di rappresentazione nell'ambito di circoli ristretti e con l'accompagnamento del solo pianoforte mettesse un po' alla berlina la lirica seriosa. Il tema del gatto poi, a quanto pare, incontrava un grande apprezzamento già all'inizio dell'Ottocento.

Forse conosciamo anche il "dj" del brano: Robert Luca de Pearsall. Questi pubblicò il pezzo sotto forma di duetto buffo, servendosi dello pseudonimo di Berthold.

Nato in Inghilterra nel 1795 Pearsall si era guadagnato inizialmente da vivere facendo l'avvocato. Un bel giorno aveva deciso di mollare tutto e di dedicarsi alla musica e così visse il resto dei suoi giorni da compositore dilettante. Forse anche per questo gli editori del brano passarono il suo nome sotto silenzio, preferendogli quello di Gioacchino Rossini: il celebre musicista italiano si vendeva di sicuro più facilmente… anche quando miagolava.

**Un suggerimento** Due splendide interpretazioni del brano sono quelle piene di umorismo di Felicity Lott e Ann Murray e dei due "gatti" Kyle English e Charles Hyland, entrambe reperibili in rete.

# 24_El gato muerto

*Il gatto che paralizzò Lima*

Quando il gatto mostra di avere qualche problema, gli esperti raccomandano di osservarne attentamente il comportamento, di pulire spesso la lettiera e magari tenerne più di una, in modo da poter risalire alle cause del disturbo e trovare una soluzione. Ma tutto questo non sarebbe servito granché a proposito del caso finito sui giornali nel 1990, quando un blackout totale colpì per più di un'ora la città di Lima.

In quella occasione gli abitanti della capitale peruviana si ritrovarono a cenare a lume di candela, a rinunciare a semafori e apparecchi telefonici perché niente funzionava più. Le forniture elettriche erano completamente bloccate. L'agitazione era grande e si andava vanamente in cerca dei colpevoli. I sospetti caddero subito sul gruppo terroristico di Sendero Luminoso, che venne accusato di boicottaggio. Sebbene ai guerriglieri forse non sarebbe dispiaciuto potersi attribuire il merito di un "colpo" del genere, la verità era un'altra e venne alla luce non appena tornò la corrente.

Un gatto era penetrato nella centrale elettrica e aveva fatto pipì in prossimità di un cavo dell'alta tensione: il blackout era stato questione di un attimo. In seguito la stampa avrebbe assicurato che l'animale non aveva subito alcuno shock.

Un episodio analogo si è verificato, a quanto pare, anche in Turchia. La sera dello scrutinio dei voti in occasione delle elezioni del 2014, ad Ankara e in altre città del paese si è verificato un blackout, che, secondo la testimonianza del ministro dell'energia turco, è stato causato da un gatto.

L'animale si sarebbe infiltrato nelle scatole di distribuzione provocando l'interruzione delle forniture elettriche. Subito gli avversari politici hanno parlato di brogli elettorali e la comunità degli internauti ha usato le scuse del ministro per lanciare hashtag del tipo #catlobby, e twittare sulla congiura dei gatti, muovendo implicitamente critiche al partito di governo.

# 25 Emil, il gatto rosso

*Un gatto da campeggio*

Emil aveva quattro mesi e mezzo quando ha messo piede per la prima volta in un campeggio con tanto di pettorina e guinzaglio… per ragioni di sicurezza ovviamente. O almeno così avevano pensato i suoi padroni ma, come spesso accade, le cose vanno diversamente da come le abbiamo immaginate.

L'imbracatura era piaciuta al gatto ancora meno del viaggio dentro l'apposita gabbietta. Quando poi un'altra casa mobile si è fermata accanto a quella della famiglia di Emil, allora la pace è veramente finita e con grande spavento dei suoi padroni, il gatto ha tagliato la corda. Questa sarebbe potuta essere la fine, e invece è stato l'inizio della singolare storia di Emil.

Nei giorni seguenti, infatti, il gatto rosso tornava a intervalli regolari dalle sue spedizioni, si guardava intorno per vedere se i padroni erano ancora lì e poi riprendeva i suoi giri esplorativi. I primi tempi passava la notte nella casa mobile; poi l'installazione di una gattaiola gli ha consentito di andare e venire liberamente. Emil ha potuto così allargare il raggio delle sue ricognizioni, mentre cresceva la fiducia dei padroni nei suoi confronti.

Da allora il gatto non ha più saltato una vacanza tranne una volta che è stato lasciato a casa. Ma la scelta si è rivelata decisamente infelice. Emil era triste, si rifiutava di mangiare e alla fine risultò dimagrito di un chilo. Dopo queste tre settimane una cosa era chiara: mai più viaggi senza Emil!

Così dalla Svizzera Emil si è spinto con la sua famiglia fino in Spagna e in Olanda. Ormai ha il suo posto in macchina, davanti, con un'ottima visuale della strada. Una volta giunti a destinazione, esplora curioso l'ambiente circostante scelto con cura dai suoi padroni perché l'animale non corra rischi. Se entra in conflitto con i gatti del posto allora si riparte. I fan dei gatti trovano molto divertenti le sue avventure, ecco perché è stato scelto per far parte della rosa dei *111 gatti e le loro pazze storie*.

**Un suggerimento** I racconti di viaggio di Emil hanno procurato nel frattempo al gatto molti fan che lo seguono fedeli sulla sua pagina Facebook: Emil the Ginger Tomcat (Emil, il gatto rosso).

# 26 Emissary Cats

*Gatti ambasciatori*

"Behemoth" è un nome che nella Tanàkh, la raccolta di testi sacri dell'ebraismo, designa un mostro composito con i tratti del dinosauro, dell'elefante, dell'ippopotamo, del bufalo e della capra. A questo personaggio si è ispirato, per la figura dell'assistente del diavolo, lo scrittore Michail Bulgakov ne *Il maestro e Margherita* pubblicato solo nel 1967 e divenuto presto un classico della letteratura russa.

Nel romanzo di Bulgakov, Behemoth ha l'aspetto di un gigantesco gatto nero con il corpo di uomo. Questo modello letterario ha ispirato a sua volta l'artista britannica Laura Ford, autrice di un'installazione composta da sei gatti in bronzo di grandezza superiore al naturale.

Gli animali si presentano con delle teste di gatto chinate in avanti, corpi agili dalle fattezze umane e una coda che poggia a terra. Nelle intenzioni della scultrice la loro posa esprime pensosità, inquietudine interiore, senso di cattività, disperazione.

Nel maggio del 2013 i gatti, alti tre metri, sono stati esposti nell'ambito della mostra "Blickachsen 9" presso il Westend Campus della Goethe-Universität di Francoforte, tra il Casino e la IG-Farben-Haus.

Successivamente il gruppo è stato separato e per alcuni mesi il pubblico ha potuto ammirare l'*Emissary Cat 4* presso l'abbazia cistercense di Eberbach nelle vicinanze di Eltville nell'Assia. Un altro gatto si trova a Shanghai, un altro ancora nei giardini pubblici di Letmathe in Germania.

Laura Ford, nata in Galles nel 1961 e cresciuta in una famiglia di giostrai, dopo aver frequentato diverse scuole d'arte ha concluso gli studi con un master nel 1983. Da allora espone le sue opere in mostre personali e collettive. Il motivo del gatto dal corpo umano ritorna anche in un'altra opera dell'artista, *Days of Judgement* (*I giorni del Giudizio*) del 2012, nella quale gli uomini-gatto, nei loro eleganti completi, evocano l'immagine di manager stressati.

# 27 Félicette

*La prima gatta astronauta*

Il 18 ottobre del 1963 sarebbe stata una giornata memorabile per una piccola randagia parigina senza nome. La gattina, infatti, aveva avuto l'innegabile fortuna di essere stata scelta per partecipare a un lancio sperimentale nello spazio.

Per settimane venne addestrata, all'interno di centrifughe e camere di compressione, insieme ad altri tredici gatti per poter affrontare l'avventuroso viaggio nel modo migliore. Nei cervelli degli animali furono impiantati degli elettrodi e ai ricercatori, come accade con le cavie di laboratorio, fu vietato di dare loro un nome per evitare l'instaurarsi di un legame affettivo.

Il razzo francese Véronique-AG1 partì dalla base algerina, oggi in disuso, di Hammaguir con a bordo la gattina bianca e nera. Durante il volo di 160 chilometri che non avrebbe portato il missile in orbita ma solo nello spazio, gli elettrodi inviavano alla base gli impulsi neurologici dell'animale. La capsula con la gattina venne lanciata durante il volo e con un paracadute atterrò nuovamente sulla terra. L'animale era felicemente sopravvissuto e, dopo le foto di rito con il team dei ricercatori, venne condotto in laboratorio per essere sottoposto a ulteriori indagini.

Concluso l'esperimento, il CERMA (Centre d'Enseignement et de Recherches de Médecine Aéronautique) dichiarò che lo sfruttamento dei dati aveva fornito un contributo fondamentale alla ricerca spaziale. La stampa britannica battezzò inizialmente la gattina Astrocat, trasformato poi in Félicette, il nome con cui l'animale in seguito è passato alla storia.

Malgrado il clamore suscitato dalla grande impresa e gli straordinari servigi resi alla scienza da Félicette, tre mesi dopo il suo ritorno sulla Terra, gli scienziati decisero comunque di sopprimerla per poter studiare ulteriormente le informazioni fornite dagli elettrodi nel suo cervello. Successivamente, in onore di Félicette vennero stampati diversi francobolli.

# 28 Felis

*La costellazione di Lalande*

Un elemento accomuna la Macchina pneumatica, il Compasso, l'Orologio, l'Officina tipografica e Felis (il gatto): sono tutti nomi di costellazioni, ossia gruppi di stelle simili per luminosità, visibili a occhio nudo dalla Terra. Hanno circa 100 milioni di anni e distano più o meno 440 anni luce dal nostro pianeta. Gli astronomi definiscono questi raggruppamenti "asterismi".

Migliaia di anni fa gli uomini hanno cominciato a riunire le costellazioni sulla base di figure e a chiamarle in genere con nomi di divinità. Ma non sono mai esistite in questo campo regole o leggi comunemente accettate. Così a un certo punto il pantheon pagano è stato sostituito da quello cristiano, gli astronomi di corte hanno scelto di dare alle costellazioni il nome dei loro principi e anche il mondo della tecnica è stato chiamato in causa a questo scopo.

In un simile contesto non potevano mancare certo i gatti. Già Voltaire aveva notato con una punta d'ironia come questa specie non facesse parte del canone delle 33 costellazioni note all'epoca, i cui nomi erano ispirati al mondo animale; sul tema era tornato l'astronomo e matematico Joseph Jérôme Lefrançois de Lalande, dal canto suo grande amante dei gatti che, dopo la morte di Voltaire, nel 1799 aggiunse la costellazione Felis.

Purtroppo la costellazione del "Gatto" presto cadde (per fortuna non dal cielo!) in disgrazia nel mondo dell'astronomia. Dopo il 1865 scomparve come voce dai dizionari sull'argomento e il celebre astronomo Flammarion arrivò addirittura a sostenere in un suo scritto che fosse del tutto superflua. Nel 1922 era stata definitivamente espunta dalla lista delle 88 costellazioni ufficialmente riconosciute a livello internazionale.

Chi voglia cercare oggi Felis, la troverà nell'emisfero meridionale, a sud-ovest della stella Mu Hydrae (42 Hya) come parte della costellazione del Serpente. A sud di Felis vi è la Macchina Pneumatica e a ovest il Compasso.

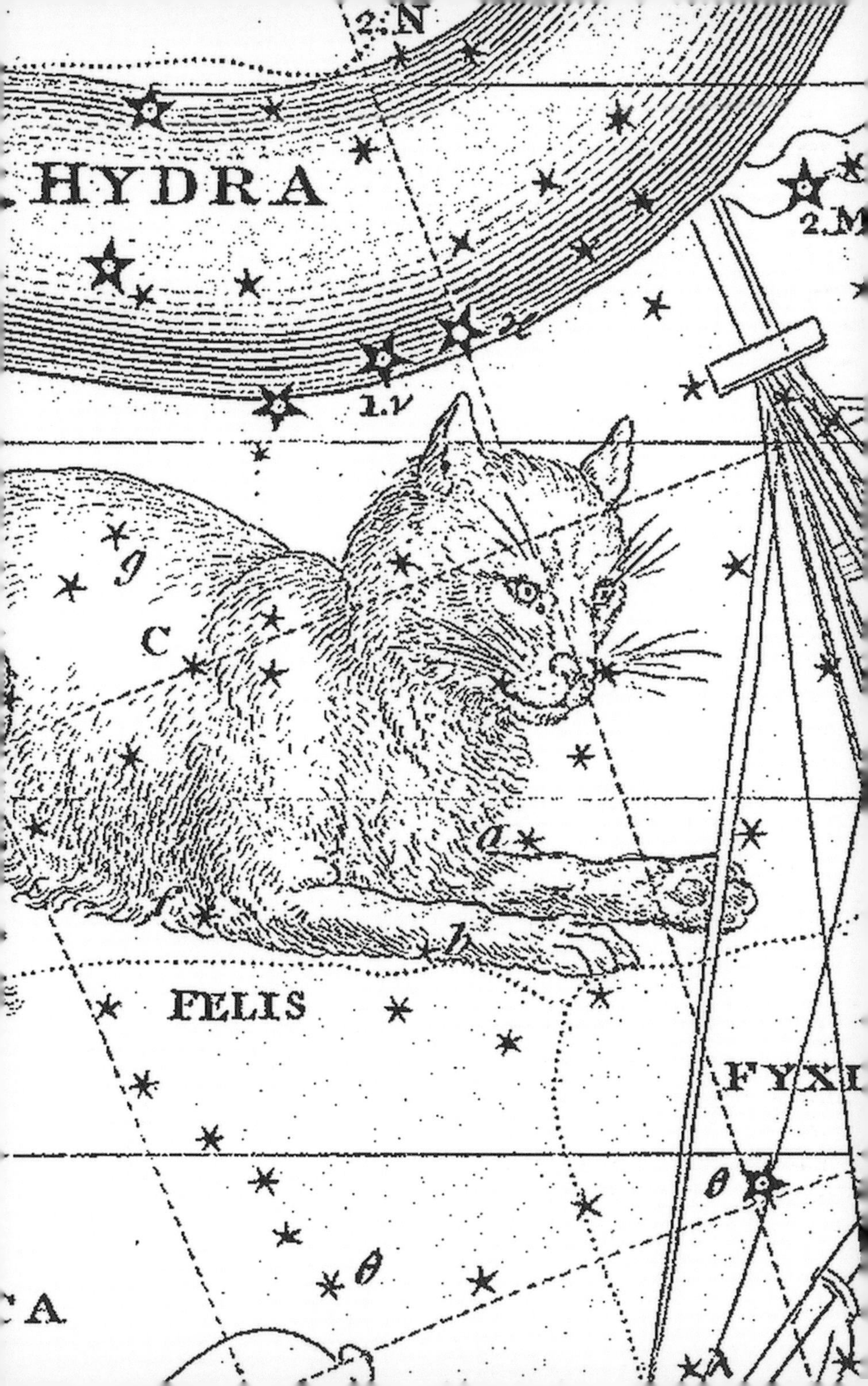
HYDRA
FELIS

# 29_Felix

*Un gatto con la nostalgia di casa*

Un soggiorno al gattile non rappresenta di solito la prospettiva più allettante per i nostri amici a quattro zampe. Eppure non mancano le eccezioni. Il gatto Felix, ad esempio, è di tutt'altro avviso. Al gattile di Berlino si sente a casa sua e lì ha intenzione di rimanere… costi quel che costi.

Felix è arrivato presso questa struttura per la prima volta quando aveva sei mesi, nel dicembre del 2006, ma non vi è rimasto a lungo. Presto infatti il micio tigrato grigio dai luminosi occhi verdi è finito in amorevoli mani.

Il soggiorno presso la nuova famiglia tuttavia è durato ben poco visto che già il 12 gennaio del 2007 Felix si è ripresentato alla porta del gattile. E il giochetto si è ripetuto più e più volte: quando sembra aver trovato dei nuovi padroni Felix sistematicamente li abbandona poco dopo per tornare alla sua adorata "casa" in Hausvaterweg nel quartiere di Falkenberg, a Berlino.

Nel gennaio del 2010 è stato affidato a una nuova famiglia che si è presa affettuosamente cura di lui facendo anche in modo che non potesse svignarsela tanto facilmente. Ma Felix era talmente triste e depresso che aveva smesso persino di mangiare e così, dopo un mese, i suoi padroni lo hanno riportato al gattile. In quel periodo, tuttavia, il ricovero berlinese era sull'orlo del collasso. Durante l'estate la situazione è precipitata definitivamente e Felix, come molti suoi compagni, è stato trasferito presso il gattile di Braunschweig. Anche qui presto gli è stata trovata una nuova famiglia pronta ad accoglierlo ma ecco che di nuovo, come era prevedibile, il gatto, trascorso un breve periodo, se l'è svignata.

Per diversi mesi se ne sono perse le tracce finché un bel giorno non lo si è visto rispuntare a Berlino-Hellersdorf nelle vicinanze del suo amato gattile. Gli operatori sono rimasti a dir poco sorpresi quando hanno letto il suo chip. Non c'erano dubbi: dopo diciotto mesi e 270 chilometri Felix era tornato a casa!

**Un suggerimento** Il gattile di Berlino è il più grande d'Europa e accoglie ogni anno fino a 12.000 animali. Per prendere appuntamento per una visita gratuita si può chiamare il numero 030/76899142 o scrivere al veranstaltung@tierschutz-berlin.de.

# 30 Felix il gatto pioniere

*Felix the Cat in vacanza a Lipsia*

Il successo, si sa, suscita emulazione. Spesso non si va oltre la semplice copia, ma in rari casi, come quello del gatto pioniere Felix, l'idea può rivelarsi originale.

Nel 1956 Joachim Nusser aveva appena terminato gli studi all'Accademia di grafica e arte libraria di Lipsia ed era in cerca di lavoro. L'annuncio del *Leipziger Volkszeitung* giungeva dunque a proposito. Cercavano un cartoonist per un fumetto: l'idea di base e i contenuti erano stati già elaborati dalla redazione culturale, al grafico toccava ora tradurli in disegni. Eroe del cartone doveva essere un gatto nero molto celebre in quello che allora si definiva il blocco occidentale. Da Felix the Cat nacque dunque Felix il gatto pioniere. La trama generale era semplice. Giunto dagli Stati Uniti Felix the Cat si fermava per visitare la Germania dell'Est di cui, tra mille avventure, imparava a conoscere la vita prima di venire ufficialmente congedato.

In una serie di episodi il gatto tentava senza successo di mangiarsi un giovane struzzo a colazione suscitando così la reazione dei suoi genitori che lo inseguivano con tanto accanimento da costringere Felix ad augurarsi di finire in prigione per potersi sentire al sicuro. In un altro episodio si dava alla fuga di fronte a un grande uccello nel mezzo di una gara delle Spartachiadi di una colonia estiva – di cui tra l'altro finiva per essere il vincitore tanto che il capo della colonia, Heini, entusiasta del suo talento di corridore, lo invitava a rimanere.

Che dire poi della caccia alla dorifora della patata sui campi di una cooperativa agricola? Una vera sfida non solo per Felix, ma soprattutto per il suo disegnatore. Inserire un personaggio già così famoso in un contesto figurativo adeguato, in grado di riflettere la realtà della DDR di allora non era affatto facile. Ma Nusser vi riuscì in modo eccelso e fino alla "partenza" di Felix i lettori del giornale mostrarono di apprezzare molto il fumetto.

# Kater Felix und die Kartoffelkäfer

›n Colorado (USA) haben sich die Biester bis auf die Felder der LPG ausgebreitet! uer Knolle ist verzweifelt. „Komm mit, wir helfen!“ sagt Felix. Karlchen tutet die ɔniere herbei, und schon geht's über die Colorados her, Felix allen voran. „Da :ckt ihr nun und könnt nicht raus!“ sagt er, als er abends die Biester hinter Glas trachtet. Felix hat die meisten gefangen, und Heini bindet ihm beim Appell das ıue Halstuch um. Wird Felix es behalten dürfen?

# 31_Felix the Cat

*Il capostipite di tutti i gatti dei fumetti*

Felix the Cat fa la sua prima apparizione in un cortometraggio muto dal titolo *Feline Follies*. Si chiama ancora Master Tom, ma i suoi tratti sono già quelli a noi familiari. Il produttore cinematografico Pat Sullivan aveva acconsentito a realizzare il film affidandone la direzione al disegnatore di fumetti e regista di film di animazione Otto Messmer.

Il successo convince la Paramount a insistere su questo filone: al cineasta Bill Nolan viene affidato un restyling complessivo del personaggio che cambia il suo nome in Felix. Contemporaneamente scoppia una disputa – rimasta ancora oggi irrisolta – tra Sullivan e Messmer su chi dei due sia il vero inventore del gatto. Da un punto di vista strettamente giuridico la paternità spetterebbe a Sullivan che, essendo il proprietario della casa cinematografica, possedeva i diritti su tutte le opere prodotte dai suoi dipendenti. E Sullivan ha saputo sicuramente commercializzare il fumetto con grande abilità.

Dotato di un'intelligenza vivace e brillante, Felix affronta ogni situazione con incredibile prontezza, affidando pensieri e sentimenti alla mimica dei suoi grandi occhi rotondi. Utilissima si rivela anche la coda, capace com'è di trasformarsi in qualsivoglia strumento, e persino di staccarsi.

Gli anni Venti segnano il momento di massima popolarità di Felix the Cat. Celebri musicisti come l'allora re del jazz, Paul Whiteman, gli dedicano brani musicali e Felix compare tra i personaggi di una parata per il Giorno del ringraziamento tenutasi a New York. Nel 1921 un rivenditore di auto Chevrolet lo sceglie come mascotte e da quel momento il gatto comparirà sui cartelloni pubblicitari della casa automobilistica. La sua immagine è la prima trasmessa da un programma televisivo statunitense.

Con l'avvento del sonoro la sua stella declina e occorre attendere il 1953 perché il pubblico lo riscopra grazie alla messa in onda televisiva dei suoi primi cortometraggi.

**Un suggerimento** Oggi Felix the Cat ha un suo sito, www.felixthecat.com, e una pagina Facebook ufficiale.

# 32 Findus

*Tenero piccolo furfante*

Le sue scorribande hanno tenuto un intero paese con il fiato sospeso; è finito sui giornali, alla radio, in televisione; è intervenuta persino la polizia. Ma lui è sempre più veloce dei suoi inseguitori tanto che mai nessuno è riuscito a coglierlo sul fatto.

Neanche a dire che faccia un mistero delle sue imprese. Al contrario! Ogni volta consegna diligentemente la merce al "capo" che si ritrova davanti una ricca collezione di biancheria.

Stiamo parlando di Findus, il gatto tigrato grigio della famiglia Gertz di Lindau nel distretto di Rendsburg-Eckernförde, e della sua singolare passione che nell'estate del 2013 lo ha fatto finire in prima pagina.

Findus ha una predilezione per la biancheria e così, mentre gli altri gatti inseguono i topi, Findus va a caccia di fazzoletti, slip, calzini, magliette, strofinacci. Li ruba dai fili del bucato e li trascina fino alla porta di casa per donarli ai suoi padroni. Persino gli operai dei cantieri vicini hanno visto sparire i loro guanti da lavoro. I Gertz, tra il divertito e il disperato, ci hanno fatto l'abitudine e con l'aiuto della polizia cercano di restituire il maltolto ai legittimi proprietari.

Quando lo ha salvato nell'estate del 2012, la famiglia Gertz non si aspettava certo che il gatto diventasse una celebrità. Findus, che all'epoca aveva solo poche settimane, era caduto nel tramezzo di un capannone e avrebbe fatto una brutta fine se i bambini non avessero udito i suoi miagolii. Per salvarlo è stato necessario demolire mezza parete, ma quando il gattino è saltato fuori è stato adottato in un attimo. E così Findus ha pensato bene che rubare la biancheria altrui per donarla ai suoi padroni fosse il modo giusto per esprimere la sua gratitudine!

Dal settembre del 2014 la famiglia Gertz ha anche un'altra gattina priva di un occhio: Marie. Chissà se Findus ha già insegnato alla nuova sorellina come si ruba la biancheria. Di sicuro lo scopriremo presto!

# 33 Fritz

*Katzeklo, Katzeklo*

Leggendo "Katzeklo" qualcuno potrebbe pensare a un errore del correttore ortografico, ma a qualcun altro, in Germania, scapperebbero un sorriso e uno schiocco di dita e inevitabilmente il suo pensiero andrebbe alle prime parole di un famosissimo motivetto tedesco: "Katzeklo, Katzeklo, macht die richtige Katze froh" (Cassettina, cassettà del bravo gatto tu sei la felicità).

Tutta colpa di Fritz, il gatto nero del poliedrico artista Helge Schneider che però, intervistato da *Die Zeit*, alla domanda: "Ma che cosa ha combinato Fritz?" ha risposto: "Proprio nulla di particolare".

In realtà questo è vero solo in parte. Fritz infatti è stato l'ispiratore del brano in questione, anzi non proprio Fritz ma i suoi "ricordini", che i figli di Schneider si rifiutavano sistematicamente di pulire, per cui alla fine toccava sempre a lui. E lui, lo sappiamo, è un artista di razza capace di qualsiasi schif... pardon, di qualsiasi cac... beh di tirar fuori una canzone da qualsiasi situazione.

Così è nato il brano *Katzeklo*, uscito nel 1993 come terzo singolo dell'album *Es gibt Reis, Baby*. La canzone è diventata il maggior successo del comico musicista. Quando è stata presentata il 12 marzo del 1994 nel corso della trasmissione televisiva *Wetten, dass...?* (*Scommettiamo che...?*) – che in teoria doveva promuovere *Texas,* il film di Schneider allora in uscita – *Katzeklo* è diventata un tormentone per ben sedici milioni di spettatori. Una semplice istantanea del gatto nero faceva da copertina al CD.

Piuttosto spettacolare è stata la fine del povero Fritz che, il 13 settembre del 2004, ormai vecchio e malandato è caduto dal quarto piano dell'appartamento berlinese dove viveva insieme alla figlia di Schneider.

Diversi giornali hanno riportato la notizia della morte del gatto con ormai diciassette primavere alle spalle. Certo, chi puliva la sua lettiera non lo dimenticherà mai: "Grazie a lui sono diventato ricco," ha confessato Schneider.

HELGE SCHNEIDER
& HARDCORE
Katzeklo
und extra für Dich:
mit dem Auto durch "Flora und Fauna"

# 34_Garfield

*Le cose migliori della vita... si mangiano*

**111 gatti e le loro pazze storie:** I suoi fumetti sono pubblicati in tutto il mondo; ha più di 260 milioni di lettori: non mi sembra ci sia bisogno di molte presentazioni.
**Garfield**: Già, tutti mi amano e mi ammirano. E come potrebbe essere diversamente?
**111 gatti**: Proprio così... Si descriva un po'.
**Garfield**: Sono un gatto tigrato rosso, ho una pelliccia corta che mi dà un tocco di esotismo e una linea invidiabile.
**111 gatti**: Jon Arbuckle, il suo padrone, la descrive piuttosto come un rotolo di speck striato color arancio.
**Garfield**: Finché mi dà da mangiare lasagne, posso anche far finta di non aver sentito.
**111 gatti**: E del cane Odie, il suo fedele alleato?
**Garfield**: Odie... chi?
**111 gatti**: Di che cosa desidera parlare?
**Garfield**: Non dei lunedì. Odio i lunedì e loro mi odiano, mi prendono a torte in faccia. Ma neppure di sport e tanto meno di diete, mi deprimono. Sì, ecco adoro le gare di pisolino. Le vinco tutte. Quasi sempre.
**111 gatti**: Le va di raccontarmi qualcosa del suo inventore Jim Davis?
**Garfield**: No. Ci pensi lei. Tanto sicuramente ha fatto le sue diligenti ricerche, giusto?
**111 gatti**: Beh sì... almeno credo. (Si schiarisce la voce) Disegnatore di fumetti, nato nel 1945 nell'Indiana (Stati Uniti), cresciuto in una fattoria con 25 gatti, si è ispirato al nonno James Garfield Davis per il nome del suo personaggio; una valanga di premi, quattro Emmy, ben trentatré libri di Garfield nella lista dei bestseller del *New York Times*, una laurea ad honorem alla Purdue University...
**Garfield**: (interrompe) Mi sembra sufficiente. Per caso ha portato una pizza?
**111 gatti**: No, mi dispiace molto.
**Garfield**: Anche a me tanto... soprattutto per lei, perché ho veramente fame.
**111 gatti**: E quindi?
**Garfield**: E quindi vuol dire che abbiamo finito.
**111 gatti**: Oh (è interdetto) Vuole dire ancora qualcosa prima di concludere?
**Garfield**: Sì. Salvate i fiumi, le foreste pluviali e i ravioli.
**111 gatti**: Grazie dell'intervista.

GARFIELD

# 35 La gatta di Petrarca

*Un poeta amante degli animali*

Due iscrizioni funebri ornano la nicchia barocca sopra il camino che i visitatori possono ammirare nella "parva domus" di Arquà, un paesino nella provincia di Padova, dove Francesco Petrarca trascorse gli ultimi quattro anni della sua vita... senza gatti, ma in compagnia di un cane, come attestano diverse raffigurazioni coeve.

In effetti il grande letterato aveva realmente un cane come "comes assiduus", tanto che nell'iconografia questa specie assurse a simbolo dell'umanesimo di cui Petrarca era ritenuto uno dei fondatori.

Come si spiega allora la presenza nella casa di una gatta imbalsamata riposta in una teca di vetro?

Poco dopo la morte di Petrarca la sua dimora venne trasformata in museo. I successivi proprietari la fecero abbellire con affreschi ispirati alle poesie del grande letterato aretino. Quando all'inizio del Seicento la gatta divenne, nel linguaggio iconografico, un attributo tipico del celebre poeta, Girolamo Gabrielli, dal 1603 nuovo proprietario dell'edificio, fece realizzare una teca in vetro con una gatta imbalsamata e inventò la storia di un Petrarca amante dei gatti.

Ma torniamo agli epigrammi in latino, opera dello scrittore Antonio Quarenghi. Uno di essi recita:

"Il poeta toscano arse di un duplice amore: io ero la sua fiamma maggiore, Laura la seconda. Perché ridi? Se lei la grazia della divina bellezza, me di tanto amante rese degna la fedeltà; se lei alle sacre carte diede i ritmi e l'ispirazione, io le difesi dai topi scellerati.

"Quand'ero in vita tenevo lontani i topi dalla sacra soglia, perché non distruggessero gli scritti del mio padrone. E ora pur da morta li faccio tremare ancora di paura: nel mio petto esanime è sempre viva la fedeltà di un tempo".

Che Petrarca amasse effettivamente i gatti sembra attestarlo questo aforisma a lui attribuito:

"L'umanità si può suddividere grossomodo in due categorie: coloro che amano i gatti e coloro che vengono puniti dalla vita".

**Indirizzo** Casa del Petrarca, via Valleselle 4, 35032 Arquà Petrarca (PD), Italia | **Orari** Marzo-ottobre 9-12:30, 15-19, novembre-febbraio 9-12, 14:30-17:30, sempre chiuso i lunedì feriali, Natale, S. Stefano, Capodanno, Primo Maggio; lunedì festivi aperto. Per info e prenotazioni tel 042/9718294, mail info.casadelpetrarca@gmail.com.

# 36 La gatta magica

*Una favola altoatesina*

Oltre a esprimere la speranza nel trionfo del Bene sul Male, le fiabe popolari riflettono spesso anche paure e superstizioni.

Un contadino aveva una gatta nera come il carbone che aveva battezzato Malang, cioè diavolo. Ogni sera l'animale sgattaiolava via per tornare il mattino seguente e questo infastidiva il padrone che però faceva buon viso a cattivo gioco visto che era una brava cacciatrice di topi.

Una notte il contadino si trovò ad attraversare, suo malgrado, la foresta di Plaies quando già era buio pesto. Era appena scoccato l'ultimo rintocco della mezzanotte, quando l'uomo udì d'improvviso un gran rumore e una musica accattivante. Prese a seguirla, e tutt'a un tratto si ritrovò dinanzi a un meraviglioso castello. Rapito dalla curiosità si spinse fin davanti alle finestre. Quale sorpresa! Grandi luminarie e danze vorticose... ma servitori e musicisti erano gatti neri come la pece. Al centro della scena riconobbe la sua gatta impegnata in una virtuosistica esibizione con il flauto. "Maledetta bestiaccia – mugugnò il contadino – ora ho capito che la notte sei un diavolo". Dentro il castello lo udirono e così immediatamente le luci si spensero e la musica cessò. Il contadino allora se la diede a gambe senza mai voltarsi indietro finché non fu a casa. La gatta nera però non tornò mai più.

Le origini della credenza secondo cui i gatti neri sarebbero bestie sataniche sono riconducibili a una dichiarazione di papa Innocenzo VIII del 1484. Fu allora che ebbero inizio tempi durissimi per i poveri felini seviziati, annegati, bruciati. Impossibile stabilire con certezza il numero delle vittime di una tale persecuzione.

I dati forniti nel 2008 dall'Associazione Italiana Difesa Animali & Ambiente attestano quanto sia radicata ancora oggi questa credenza medioevale: oltre 6.000 gatti neri vengono uccisi ogni anno in Italia per motivi religiosi. Di fronte a dati così sconcertanti ci si chiede chi sia il vero diavolo.

# 37 I gatti di Newton

*Gatti alla porta*

La seguente scena vi ricorda qualcosa?

Comodamente seduti in poltrona state leggendo un bel libro, come questo per esempio. Siete completamente immersi nella lettura ma ecco che un rumore improvviso vi disturba: qualcuno graffia alla porta, vorrebbe entrare. Sbuffando poggiate il libro, vi alzate e andate ad aprire la porta. Il vostro gatto entra, vi ignora e se ne va per la sua strada. Vi sedete di nuovo, vi rimettete comodi e sprofondate un'altra volta nel vostro libro. Oh no!

È ancora lui, che vi fissa con aria piena di rimprovero attraverso la porta chiusa (solo i gatti sanno farlo, sappiatelo!). Poggiate il libro, vi alzate, fate entrare il gatto, vi sedete di nuovo, riprendete a leggere. Il tutto per non più di trenta secondi perché ecco di nuovo il micio che gratta, voi scaraventate il libro, imprecate, lo fate entrare, sbattete la porta.

E tutto ricomincia di nuovo.

La cosa potrebbe andare avanti in eterno, ma per fortuna esiste la gattaiola, una delle invenzioni più geniali tra gli accessori per felini. Una sua antesignana è citata forse nei *Racconti di Canterbury* di Geoffrey Chaucer del XIV secolo, ma di sicuro la gattaiola come la conosciamo noi si deve, a quanto pare, a uno dei più grandi scienziati di tutti i tempi, Isaac Newton (1643-1727). Per evitare che la gatta e i suoi cuccioli lo disturbassero continuamente durante i suoi esperimenti, lo studioso praticò due fori nella parete che consentivano loro di entrare e uscire a piacimento. Quando arrivava l'autunno copriva i buchi per impedire l'ingresso dell'aria fredda: problema risolto!

È noto anche un altro aneddoto riguardante i gatti di Newton, secondo cui sarebbe stato il suo micio che si arrampicava sull'albero a far cadere la celebre mela che gli avrebbe consentito di elaborare la legge di gravitazione universale. Che le cose siano andate veramente così non è certo, ma sicuramente il racconto ha una sua verosimiglianza.

**Un suggerimento** “Sciocchino – avrebbe detto Newton – non sai quale regalo hai fatto a me e a tutta l’umanità. Ma che ne sai tu della forza di gravità!” (Ehm Welk, *Die wundersame Freundschaft*, 1940).

# 38_Gatti in cifre

*Le nove vite del gatto*

1,6 milioni è la cifra stimata di gatti randagi che vivono per la strada in Italia, ma potrebbe trattarsi di un numero tre volte superiore.
3 mesi di vita almeno deve avere un gatto per poter essere sottoposto a vaccinazione antirabbica ed entrare in Italia.
5 gatti si dice vivessero negli appartamenti di papa Benedetto XVI.
5 mesi in media servono a una gatta per diventare sessualmente matura.
7 mesi in media servono a un gatto per diventare sessualmente maturo.
7 sono i chili di pelo che perde mediamente un gatto nel corso della vita.
7,4 milioni sono in Italia i gatti domestici secondo una stima del ministero della salute.
12 è il numero dei baffi di un gatto.
14 anni è l'aspettativa di vita media di un gatto domestico.
16 sono le ore che un gatto trascorre dormendo in un giorno.
19 centimetri è la lunghezza massima misurata per i baffi di un gatto.
32 muscoli possiede l'orecchio di un gatto.
38 anni ha raggiunto il gatto più vecchio del mondo, Creme Puff (3 agosto 1967-6 agosto 2005).
Il 45% dei padroni di gatti in Europa porta il proprio animale dal veterinario almeno una volta l'anno.
60 milioni è il volume di affare legato all'allevamento e alla vendita di gatti di razza.
67,8 decibel misura il volume più alto che può raggiungere il suono prodotto dalle fusa.
70 sono i diversi suoni che può emettere un gatto.
80 sono le razze di gatti note al mondo.
185 milioni di euro sono stati spesi nel 2012 in accessori per gatti.
230 sono le ossa che compongono lo scheletro di un gatto.
420 cuccioli sono stati chiamati Dusty; fortunatamente questo record è rimasto insuperato dal 1952.
500 euro è l'ammontare della multa che dal 2011 si torva a pagare chi spara botti a Capodanno a Torino. Il comune ha deciso di vietare botti e petardi per proteggere cani e gatti da attacchi di panico.
668 milioni di euro sono stati spesi in Italia tra luglio del 2014 e giugno del 2015 in cibo per gatti.
689 è, a quanto pare, il numero dei gatti che vive con una coppia canadese.

# 39_I gatti stregati del Medioevo

*Abracadabra, tre volte gatto nero*

A migliaia e migliaia furono bruciati sui roghi, annegati, malmenati, gettati dalle torri e uccisi con inaudita ferocia: parliamo dei gatti del Medioevo ritenuti streghe sotto mentite spoglie. Come si era potuto arrivare a tanto? Che cosa ne era stato, col passare dei secoli, dei gatti sacri del mondo antico e di quelli che scortavano le divinità nella mitologia nordica?

I gatti sono citati una sola volta nella Bibbia in Baruc 6,21, quando il profeta Geremia ammonisce gli ebrei a non prostrarsi dinanzi agli idoli, "come anche dinanzi ai gatti". Gli idoli erano di fatto le antiche divinità pagane equiparate, in Baruc 4,7, ai demoni. Di qui a considerare anche i gatti bestie sataniche il passo era breve.

Tanto più che il comportamento dei gatti, dal punto di vista della morale cristiana che si andava affermando nella società, era giudicato piuttosto negativamente. Questi animali assursero a simbolo di cupidigia, di libidine, di perfidia, di disubbidienza e infingardaggine.

A decretare la definitiva condanna a morte della specie furono Heinrich Istitor Kramer (1430-1505) e Jacob Sprenger (1436-1495), due frati domenicani autori del *Malleus maleficarum* (*Il martello delle streghe*). Il testo, pubblicato nel 1486 e ristampato ben quattordici volte prima del 1520, rifletteva la superstizione largamente diffusa in epoca medioevale. Con l'avallo dell'opera, il diavolo assunse il volto di un gatto nero e questo animale in generale divenne simbolo di empietà e immancabile attributo delle streghe.

La persecuzione e lo sterminio delle fattucchiere si accompagnò pertanto all'annientamento sistematico dei gatti. Soprattutto durante le pestilenze le donne accusate di praticare la magia vennero ritenute la causa delle epidemie e condannate a morte insieme ai gatti, senza rendersi conto che così si finiva per favorire la diffusione indiscriminata dei ratti, veri responsabili della peste.

**Un suggerimento** Secondo la mitologia demoniaca dopo vent'anni un gatto diventa una strega, mentre dopo cento anni si verifica il contrario.

# 40 Il gatto con gli stivali

*La fortuna aiuta gli audaci*

Ancor prima che Wilhelm Grimm la inserisse nella sua raccolta di favole, *Il gatto con gli stivali* aveva già una lunga storia alle spalle. Le versioni più antiche del racconto si trovano in Francia e in Italia. Grimm rielaborò il testo, a lui noto solo per tradizione orale, trasformandolo nella fiaba che conosciamo oggi.

Un mugnaio lascia in eredità al suo terzo figlio nulla più di un gatto, che questi avrebbe volentieri ucciso per farsi con la sua pelliccia dei guanti caldi se l'animale non l'avesse convinto di poterlo aiutare a patto di fornirgli un paio di stivali. Il giovane accetta e il gatto comincia a darsi da fare. Cattura delle pernici e le offre al re facendole passare come un dono da parte del suo padrone, il marchese di Carabàs.

Il sovrano ricompensa il gatto con dell'oro e l'animale ne conquista la fiducia con ulteriori omaggi. Un giorno viene a sapere che la figlia del re è a passeggio e convince il suo padrone a bagnarsi in un lago che si trova lungo il cammino della principessa. Mentre il giovane è in acqua gli nasconde gli abiti e poi va dalla figlia del re a dirle che il suo signore è stato derubato. La fanciulla rimane colpita dal figlio del mugnaio che crede essere un conte, lo accoglie nella sua carrozza e se ne innamora. Nel frattempo il gatto con astuzie e stratagemmi ha procurato al suo padrone terre, ricchezze e persino il castello di un mago.

La favola si presta a molteplici interpretazioni. Eugen Drewermann parla di una "hybris della disperazione"; altri studiosi invece hanno visto ciascuno dei personaggi del racconto come la proiezione di un aspetto della personalità del figlio del mugnaio. Per altri ancora, infine, il motto "la fortuna aiuta gli audaci" esprime al meglio la morale della favola.

Comunque si legga il racconto, l'importante è che alla fine, grazie alle astuzie del gatto, il figlio del mugnaio sposi la principessa e tutti vivano felici e contenti.

**Un suggerimento** Il mago fu lusingato dalle dolci parole e disse: “Oh sì caro gattino, posso fare anche questo” e prese a saltellare come un topo per la stanza. Il gatto, che gli era alle spalle, con un balzo afferrò il topo e lo divorò.

# 41 Il gatto di Schrödinger

*Gatti e scienza*

Nel 1935 Erwin Schrödinger, premio Nobel per la fisica, pubblicava i risultati di un esperimento sul pensiero. Partendo dalla teoria quantistica secondo la quale ogni oggetto quantico, cioè qualsiasi oggetto, può essere contemporaneamente un atomo e un'onda, ideò un modello sperimentale passato alla storia della fisica con il nome di "gatto di Schrödinger".

Immaginiamo di sistemare un gatto in una scatola insieme a un'apparecchiatura composta da un contatore Geiger, una sostanza radioattiva, un martello e una boccetta di cianuro. In caso di rottura del nucleo di un atomo il contatore Geiger si attiva, il martello rompe la boccetta di veleno e il gatto muore. Questo accidente ha la probabilità di verificarsi in un preciso arco di tempo pari al suo contrario, ossia che il nucleo dell'atomo non si rompa, il contatore Geiger non si attivi, il martello non frantumi la boccetta e il gatto non muoia. Hanno dunque rispettivamente il 50% delle chance di accadere.

Secondo le leggi della fisica quantistica, solo nel momento in cui lo misuriamo siamo in grado di stabilire se un oggetto quantico è un atomo o un'onda. Fino ad allora può essere entrambe le cose.

Tornando al gatto questo significa che solo quando apriamo la scatola possiamo stabilire se il gatto sia vivo o morto. Finché la cassa è chiusa il gatto, secondo Schrödinger, è entrambe le cose. Da allora la sovrapposizione di due condizioni opposte che rimangono immutate finché non le si osservi separatamente si definisce in fisica "gatto di Schrödinger" o in inglese "Schrödinger cat-like state".

Ancora oltre va la questione di quale importanza abbia, in questo contesto, l'osservatore per il gatto. L'animale deve essere osservato perché non permanga la sovrapposizione di due stati contrastanti (vivo/morto)?

Un interrogativo del tutto diverso questo, al quale ogni padrone di gatto, lasciandosi ispirare da Schrödinger, saprà rispondere facilmente. Almeno in teoria.

# 42 Il gatto selvatico europeo

*Una bellezza schiva nel folto della foresta*

Se durante una passeggiata serale in un bosco vi capita d'imbattervi in un batuffolo miagolante, sappiate che avete avuto la fortuna di un incontro raro, ma dovete assolutamente resistere alla tentazione di portarvi a casa questo micio apparentemente indifeso.

Con tutta probabilità infatti vi trovate in presenza del gatto selvatico europeo (Felis silvestris silvestris). Quando sono molto giovani, soprattutto per un occhio inesperto, è facile confondere i gatti selvatici, così denominati per il loro habitat naturale, con quelli domestici che hanno un pelo grigio-marrone dal disegno simile. In realtà i principali elementi di differenziazione sono la coda folta con la punta nera e appiattita e una striscia più scura che attraversa tutto il dorso. Rispetto all'esemplare domestico poi, quando è ricoperto dal folto pelo invernale il gatto selvatico risulta più robusto e tarchiato.

Se lo si vuole fotografare, occorre essere molto rapidi perché si tratta di un animale particolarmente schivo. È un autentico abitante dei boschi e vive ritirato in foreste miste e faggete, allevando i piccoli in cavità nascoste nella roccia e nei tronchi degli alberi, al riparo di radici e rami secchi.

Fino al secolo scorso l'ambito di diffusione di questa specie abbracciava tutto il continente eurasiatico. Poi lo sfruttamento agricolo, la costruzione di strade e l'espansione urbana hanno determinato la frammentazione e la scomparsa delle grandi foreste. Oggi nei parchi nazionali questi animali hanno ritrovato condizioni di vita favorevoli, con il conseguente incremento del numero di esemplari.

Il gatto selvatico sembra gradire particolarmente le faggete miste del parco nazionale dell'Eifel tanto che in tutto il distretto dell'Eifel-Ardenne vivono circa mille animali di questa specie, la rappresentanza più numerosa dell'Europa centrale. Se siete fortunati potete incontrare qui un esemplare di rara bellezza, ma dovete essere molto silenziosi.

Indirizzo Parco nazionale dell'Eifel, An der Laag 4, 52396 Heimbach | Orari Tutti i giorni 10-17, ingresso libero. Per maggiori informazioni su passeggiate e visite guidate nel parco nazionale dell'Eifel potete consultare il sito www.nationalpark-eifel.de. | Un suggerimento Merita una visita la mostra "Waldgeheimnisse" presso il Nationalpark-Tor Heimbach (alla stazione).

# 43 La giornata mondiale dei gatti

*Il giorno che non c'è*

La giornata mondiale dei gatti è come lo yeti. In realtà non esiste eppure tutti ne parlano, scrivono di lui, gli dedicano programmi televisivi. Questo giorno inesistente si festeggia ogni anno l'8 agosto.

Donde sia nata l'idea di questa giornata alla quale neppure Wikipedia dedica una voce, nessuno lo sa. Ad ogni modo, il 4 agosto del 2001 alle ore 16 l'utente Pumpe69 rimuoveva la voce con la motivazione: "8 agosto giornata mondiale del gatto è un falso = cancellato". Per quanto riguarda la paternità dell'idea iniziale, i sospetti sono caduti sull'International Fund for Animal Welfare, sugli animalisti del Tiertafel e su una blogger tedesca. I primi due si contendono l'idea di aver sdoganato la giornata, mentre sulla teoria della blogger non si hanno prove certe. Comunque stiano le cose, la "giornata mondiale del gatto non ancora ufficialmente riconosciuta" è l'occasione per una serie di azioni promosse a vantaggio dei gatti di tutto il mondo.

WWF e Pro Wildlife quel giorno richiamano l'attenzione dell'opinione pubblica sulle specie in via di estinzione, mentre le organizzazioni animaliste ne approfittano per discutere sull'obbligo della castrazione e sulle miserevoli condizioni dei randagi.

Anche l'industria dei gatti domestici fa la sua parte cercando di conquistare fette sempre più ampie di mercato facendo leva sull'amore dei padroni. Al riguardo in America sono già un passo avanti. Qui le giornate dedicate ai gatti sono addirittura due: il World Spay Day istituito nel 1995 da un'associazione che si occupa di gatti e cani randagi – la Doris Day Animal League (DDAL) – per promuovere l'importanza della castrazione e della sterilizzazione, e il National Cat Day (il 29 ottobre), scelto dall'esperta di lifestyle e appassionata di gatti Colleen Paige. Che esista o no questo yeti tra le feste nazionali è abbastanza irrilevante per i padroni dei gatti. Per chi vive con un felino al fianco infatti ogni giorno è una festa.

# 44_Ghignagatto

*Un ghigno senza gatto*

Il suo nome deriva forse dalla contea inglese del Cheshire, nella quale il suo inventore, Lewis Carroll, aveva trascorso l'infanzia. Ma non è detto. *"Chiamalo come vuoi," disse il Gatto.* Bene, allora andiamo a conoscere insieme le altre possibili origini del gatto del Cheshire.

L'espressione "sorridere come un gatto del Cheshire" ("grin like a Cheshire cat") è un modo di dire inglese derivante dall'omonimo formaggio, il Cheshire cheese, in origine prodotto con la forma di un gatto che evidentemente aveva buoni motivi per sorridere visto che i suoi padroni, i conti del Cheshire, erano stati esentati dalle tasse.

*"Lo credo bene," disse il Gatto e scomparve di nuovo.*

Un attimo... aspetta! C'è anche un'altra variante della nostra storia che vede protagonisti un pittore d'insegne scadente e un sanguinario guardaboschi di nome Catilin. Ma né le insegne delle locande con il leone che sorride, né la spedizione punitiva del guardaboschi, conclusasi con la condanna a morte dei bracconieri e un bel ghigno sulla faccia del giustiziere degli animali, ci sembrano plausibili.

*"Bene," disse il gatto, e questa volta sparì lentamente, prima la punta della coda e per ultimo il sorriso che rimase visibile per un po' dopo che il resto del corpo era scomparso.*

Il racconto di Carroll non è l'unico nel quale il gatto con il ghigno viene citato, pur essendo tantissime le varianti in circolazione: ben 35 film, numerose opere teatrali, canzoni pop e brani jazz, lirica e balletto, fumetti e cartoni animati.

*"Oh non ne puoi fare a meno," disse il Gatto. "Qui siamo tutti matti. Io sono matto. Tu sei matta".*

E quanto è matto lo Stregatto! Da lui prendono nome un asteroide, due album musicali e in base a lui l'archeologia classifica alcuni gioielli celtici. Il suo comportamento spiega un principio della teoria delle particelle elementari e la natura del mitocondrio; è un ospite ricorrente di romanzi, film, fumetti.

*"Bene," disse il gatto e svanì.*

Un suggerimento Il libro di Lewis Carroll *Alice nel Paese delle Meraviglie*, pubblicato per la prima volta il 4 luglio del 1865, è considerato ancora oggi un capolavoro. Fonte d'ispirazione della storia era stata una crociera sul Tamigi compiuta tre anni prima dall'autore.

# 45 Hodge

*Tra ostriche e dizionari*

Intorno al 1750 in una dimora londinese in Gough Square, proprio nelle vicinanze di Fleet Street, viveva Hodge, un gatto destinato a influenzare in modo non irrilevante la letteratura britannica dell'epoca e, con un po' di fantasia, potremmo dire anche la lingua inglese. Il suo padrone, Samuel Johnson, è considerato ancora oggi uno dei maggiori scrittori ed eruditi inglesi. Dal 1746 al 1759 questo personaggio visse in una casa oggi trasformata in museo e qui scrisse l'opera in due volumi *A Dictionary of the English Language*. È facile immaginare che Hodge, mentre il padrone era intento nel suo lavoro, schiacciasse i suoi pisolini su sedie, poltrone e sicuramente anche tra gli appunti di Johnson, il cui affetto per l'animale doveva essere smisurato al punto che se ne parla anche nella biografia del letterato inglese redatta dal suo amico James Boswell.

"Mi è rimasto impresso nella memoria il modo in cui Johnson sopportava tutto dal suo gatto; per lui andava addirittura a prendere personalmente le ostriche perché temeva che se avesse affidato l'incarico al suo servo, questi potesse arrivare a odiare il povero animale nutrito a ostriche!

In realtà la condotta di Johnson non era poi così deplorevole considerato che all'epoca le coste inglesi pullulavano di questi molluschi, comunemente ritenuti addirittura un cibo da poveri. Malgrado la sua scarsa simpatia per i felini Boswell cita più volte il gatto di Johnson nella biografia dell'amico.

E chissà che cosa avrà pensato Hodge della voce "Gatto" inserita da Johnson nel suo Dizionario: "Animale domestico cacciatore di topi. I zoologi lo considerano una sottospecie più piccola dei leoni". Sarà stato d'accordo? Non lo sapremo mai! Né sappiamo con esattezza quanto sia vissuto Hodge e quando sia morto. Sicuramente Johnson rimase a fianco del suo fedele amico fino alla fine, somministrandogli anche della valeriana per rendergli meno dolorosa la morte.

**Indirizzo** La casa di Johnson si trova in 17 Gough Square, Londra EC 4A 3DE | **Orari** di visita maggio-settembre, lun-sab 11-17.30, ottobre-aprile, lun-sab 11-17, www.drjohnsonshouse.org.

# 46_La Jaguar

*Il giaguaro rampante*

Passare da una rondine a un giaguaro è un bel salto, non c'è che dire, e la strada che ha portato alla metamorfosi da uccello a quadrupede è stata lunga e non così scontata. Infatti, battezzare un'auto col nome di un felino è piuttosto insolito e, del resto, rondine e giaguaro sono nemici giurati.

La nostra storia inizia nel 1922 con la Swallow (che in italiano significa rondine, appunto) Sidecar Company, una ditta che produceva i carrozzini dei sidecar. A partire dal 1927 la Swallow si era lanciata nella fabbricazione della carrozzeria della Austin Seven e della Morris Cowley, e successivamente dei telai per la Fiat, la Swift e la Wolseley.

Al 1931 risale la prima vettura realizzata in proprio dalla Swallow: la *SS1* che, malgrado la crisi economica, incontrò un grande successo. Nell'ottobre del 1935 presso l'Hotel Mayfair di Londra William Lyons presentava la *Limousine SS 2½ litre* con l'aggiunta "Jaguar" nel nome. Lo stesso anno faceva il suo ingresso sul mercato la *Jaguar SS100*, un modello robusto e veloce che ebbe grande successo nell'ambito delle auto sportive.

Nel 1945, alla fine della guerra, venne tolta dal nome della vettura la sigla *SS* per le tristi associazioni che evocava. D'ora in poi la casa automobilistica si sarebbe chiamata "Jaguar Cars Ltd." e il suo simbolo sarebbe stato il giaguaro rampante che, a partire dall'aprile del 1959, cominciò a troneggiare sulla cuffia del radiatore delle auto sportive. Ma solo per poco, presto infatti la figura del felino venne tolta per disposizione di legge. Secondo gli esperti della sicurezza stradale, queste taglienti sculture poste sul radiatore rappresentavano un serio pericolo per i pedoni. Furono pertanto vietate senza esitazione... ma non per molto. Oggi il giaguaro è tornato a saltare grazie a un escamotage. Basta infatti un piccolo tocco e la statuetta scompare nella cuffia del radiatore per la gioia dei pedoni e il disappunto di eventuali ladri.

JAGUAR
3·8 LITRE

# 47_Jellylorum

*I Jellicles*

Nella poesia *Il nome dei gatti*, tratta da *The Old Possum's Book of Practical Cats* (*Il libro dei gatti tuttofare*), il poeta e drammaturgo anglo-americano T.S. Eliot sostiene che ogni gatto debba avere tre nomi: uno ufficiale, uno strambo e uno segreto.

Jellylorum non è tra quelli citati nell'opera, ma sicuramente è un nome che lo scrittore inserisce nella seconda categoria e con tutta probabilità si tratta anche della gatta che ha ispirato la raccolta di poesie, portando addirittura alla creazione di un neologismo.

"Avevo anche una gatta della tribù Jellicle, che è scappata, ma io credo semplicemente si sia spaventata quando è uscita fuori con il temporale e ha finito per fuggire nella direzione sbagliata. Comunque non l'abbiamo più rivista. Si chiamava Jellylorum," questo raccontava Eliot a una ragazzina nel 1961.

La sua Jellylorum apparteneva dunque alla tribù dei Jellicle, gatti bianchi e neri, piuttosto piccoli, gioviali e svegli. Così li descrive Eliot nella *Canzone dei Jellicle*. I Jellicle hanno musi allegri e cantano le loro canzoni. Il termine Jellicle non esiste sul vocabolario e T.S. Eliot non voleva che venisse adottato dalla lingua ufficiale. Gli bastava che la gente lo usasse con il significato che lui stesso aveva spiegato nella poesia.

Il curatore ed editore della raccolta, ribattezzato dagli amici *Old Possum*, pubblicò il volume di poesie nel 1939.

Da allora, l'*Old Possum's Book of Practical Cats* è considerato uno dei testi più significativi e divertenti della letteratura sui gatti.

Quando Sir Andrew Lloyd Webber nel 1981 ha realizzato un musical basato sull'opera di Eliot, Jellylorum è diventata uno dei protagonisti principali.

La gatta, che qui ha un ruolo quasi materno, si prende cura dei Jellicle e a volte si comporta come una di loro. La Jellylorum del musical è socievole, sempre pronta ad ascoltare gli altri, canta e riesce ancora oggi a sciogliere il cuore del pubblico.

**Un suggerimento** "Nomi di questo genere posso fornirvene un quorum, / nome come Mustràppola, Tisquàss o Ciprincolta, / nome Babalurina o Mostradorum, / nomi che vanno bene soltanto a un gatto per volta". *Il nome dei gatti*, T.S. Eliot

# 48_Jock I

*Il primo di una lunga serie*

Oltre a essere stato il più grande uomo politico britannico, Winston Churchill, nell'arco di tutta la sua movimentata esistenza, fu anche un grande amante dei gatti come confermano aneddoti, immagini e testimonianze in proposito.

In particolare colpiscono i piccoli gesti del grande uomo nei confronti di questi animali: quando ad esempio si china per impedire che uno di quei gatti che stavano sulle navi come portafortuna salti giù a terra, o quando, tutto elegante nel suo smoking, accarezza un randagio incontrato per caso. Churchill teneva sempre in casa uno o due gatti ai quali era permessa qualunque cosa.

Nell'ambito di questa folta schiera di compagni di vita a quattro zampe, uno in particolare fu il suo preferito: Jock, un gatto tigrato rosso con il sottogola e le zampe anteriori bianche, donatogli nel novembre del 1962, per il suo ottantottesimo compleanno, dal suo assistente personale Sir John "Jock" Colville.

Il quadrupede godeva di speciali privilegi: durante i pasti sedeva sulla sua sedia personale e la notte dormiva nel letto con il padrone. Jock seguiva Churchill ovunque, sia nella residenza urbana di Hyde Park che nel Kent. Quando il 24 gennaio del 1965, lo statista in punto di morte pronunciò le sue ultime parole: "Sono stufo di tutto", il gatto era lì accanto a lui. Nel suo testamento Churchill lasciò la tenuta di Chartwell allo Stato, disponendo che in futuro vi dovesse risiedere sempre un gatto pezzato rosso. Jock è morto nove anni dopo il suo padrone nel 1974.

Oggi nella dimora vive Jock VI, salvato da un destino da randagio grazie all'intervento della Croydon Animal Samaritans e adottato dalla direzione della casa-museo di Churchill nella tenuta di Chartwell. Tuttavia, già poco dopo il suo arrivo nel gennaio del 2015, al gatto sono stati interdetti gli antichi salotti in quanto colpevole, con grande disappunto dei curatori, di aver affilato le unghie sul prezioso mobilio.

**Indirizzo** Chartwell, Mapleton Road, Westerham, Kent TN16 1PS | **Un suggerimento** Per conoscere gli orari di visita delle diverse attrazioni del sito consultare l'homepage www.nationaltrust.org.uk/chartwell.

# 49_John Doe

*O i senza nome*

John Doe è il nome dato negli Stati Uniti a coloro che hanno un'identità segreta o sconosciuta. Se il loro mistero non viene svelato queste persone sono destinate a rimanere per sempre nell'anonimato.

Lo stesso accade a tantissimi gatti randagi: 1,6 milioni solo in Italia ma la cifra è sicuramente più alta. La causa di questa crescita inarrestabile e delle condizioni sempre più miserevoli in cui versano i gatti senza casa va spesso ricercata nella condotta irresponsabile dei padroni.

Alcune volte l'ignoranza, altre un malinteso amore per gli animali fanno sì che i proprietari dei felini non provvedano per tempo a sterilizzare i loro mici. Nel caso dei randagi non castrati, questi si accoppiano tra loro e la prole, venuta alla luce in condizioni difficili, spesso non supera le prime settimane di vita. Nonostante ciò, il numero dei gatti non castrati cresce in modo esponenziale. In tanti centri grandi e piccoli sono le associazioni animaliste private a preoccuparsi di porre un freno a questa deriva.

L'Associazione Culturale Colonia Felina di Torre Argentina è un'organizzazione per la protezione dei gatti di Roma tra le più note d'Europa. La sua storia ha avuto inizio nel 1993 quando Lia Dequel e Silvia Viviani hanno iniziato ad aiutare una vecchia signora che si prendeva cura dei randagi che vivevano tra le rovine nella zona di Torre Argentina. Presto tuttavia l'impegno rischiava di divenire superiore alle loro forze se non fosse intervenuta Molga Salvalagio, un'inglese che ha fornito a Silvia e Lia un aiuto concreto, soprattutto di natura economica. Tra il 2010 e il 2015 è stato possibile castrare oltre 22.178 animali e fornire assistenza a più di 800 esemplari.

Fortunatamente si registra una sensibilizzazione sempre maggiore nei riguardi del problema, tanto più che è impossibile immaginare una Roma senza gatti, divenuti ormai una vera attrazione turistica. A noi il compito di garantire loro un'esistenza felice!

Indirizzo Associazione Culturale Colonia Felina di Torre Argentina; ingresso da largo di Torre Argentina, angolo via Florida e via di Torre Argentina; www.gattidiroma.it; tel 06/68805611 | Orari Aperto tutti i giorni 12-18. I visitatori sono benvenuti.

# 50_Jones

*E l'invasione degli alieni*

Immaginate che la vostra casa stia andando a fuoco, le fiamme stanno invadendo tutto, la vostra vita e quella dei vostri familiari sono in pericolo, tutti sono impegnati a fronteggiare l'incendio con ogni mezzo. Che cosa fate voi? Cercate il gatto: anche lui va assolutamente salvato!

Ora immaginate di nuovo la stessa scena. Ma questa volta non si tratta della vostra casa; ora vi trovate dentro un'astronave e non c'è il fuoco ma un mostruoso alieno intenzionato a sterminare tutti i presenti. Il meccanismo di autodistruzione della navicella spaziale è stato già innescato… Voi che fate? Che domanda… cercate il gatto ovviamente… cos'altro se no?

Il felino in questione è un tigrato rosso di nome Jones, detto anche Jonesy o "vecchio mio" e Jones in questa situazione strana, ma molto realistica, ha fatto quello che avrebbe fatto qualsiasi altro gatto in circostanze simili: si è nascosto. Brett, il tecnico di bordo, percorre l'intera astronave in lungo e in largo alla ricerca delle sue tracce; la tensione e la preoccupazione che qualcosa di terribile stia per succedere crescono a dismisura. All'improvviso, facendo trasalire Brett e gli spettatori, Jones riappare sulla scena soffiando, per poi scomparire di nuovo. Alla fine il tecnico di bordo riesce a scovarlo, si china su di lui, lo tranquillizza e lo attira a sé. Con incedere lentissimo Jones esce dal suo nascondiglio e solo allora gli spettatori si accorgono che qualcosa si sta muovendo dietro Brett. Tuttavia, dopo un'inquadratura in cui soffia e ringhia, il gatto torna nel suo nascondiglio. Ha intuito prima di Brett il pericolo che incombe. Jones sopravvivrà alla distruzione dell'astronave insieme al terzo ufficiale Ellen Ripley, interpretato da Sigourney Weaver, ma questo lo scopriremo nel sequel del film.

Nel primo *Alien* del 1979 l'ultima scena in cui compare Jones è quella in cui Ripley lo saluta prima di partire alla ricerca di alieni da annientare.

Un suggerimento *Alien*, film horror/fantascientifico, Gran Bretagna e Stati Uniti. Sceneggiatura: Dan O'Bannon e Ronald Shusett; regia: Ridley Scott. Uscito negli Stati Uniti il 25 maggio 1979, in Italia il 5 ottobre dello stesso anno.

# 51 — Kaspar

*Tredici a tavola*

In molte culture il dodici è considerato un numero fortunato: dodici sono i mesi dell'anno, le ore di una giornata sono due volte dodici, dodici erano gli apostoli.

Diffusa è invece la credenza che essere tredici a tavola porti sfortuna e di qui la convinzione più generale che il tredici sia un numero iellato. Bisogna ammettere però che, almeno in un caso, la superstizione si è rivelata fondata.

Siamo a Londra, nel 1898. Il proprietario di miniere Woolf Joel, di origini sudafricane, invita a cena all'Hotel Savoy di Londra un gruppo di colleghi d'affari e amici. La rinuncia di uno di loro fa sì che i convitati si ritrovino in tredici a tavola. Inevitabilmente la conversazione va a cadere sulla sfortuna che colpirà il primo che si congederà dagli ospiti. Woolf Joel, che il mattino deve partire presto per far ritorno a casa, deride la superstizione e accetta la sfida di essere il primo a lasciare la tavola. Durante il viaggio per Johannesburg viene ucciso a colpi di fucile dal barone Kurt von Veltheim, un ricattatore: casualità o verità della profezia?

Quando al Savoy si viene a sapere dell'incidente nessuno ha dubbi: mai più tavoli con tredici commensali. Inizialmente si pensa di far partecipare alle cene un dipendente dell'albergo, ma la proposta non incontra il favore degli ospiti, per nulla bendisposti a condividere pasti e conversazioni con un estraneo.

Nasce allora l'idea di un invitato muto e negli anni Venti l'hotel incarica l'artista Basil Ionides di scolpire un gatto. Da allora Kaspar, questo è il nome del felino di legno, siede a tavola, con tanto di piatto e posate e provvede a tenere lontana la sfortuna dagli altri commensali.

Nel 2007 l'hotel è stato completamente ristrutturato e gran parte degli arredi degli anni ruggenti sono stati venduti all'asta, tranne naturalmente Kaspar, il tredicesimo convitato, della cui compagnia al tavolo è possibile godere ancora oggi.

**Indirizzo** Kaspar's Seafood Bar & Grill, The Savoy, The Strand, Londra WC2R 0EU | **Orari** Aperto tutti i giorni, su prenotazione.

# 52 Kiddo

*"Roy, vieni a prendere questo dannato gatto!"*

Così recitava testualmente il primo messaggio radio trasmesso su scala mondiale da un dirigibile alla stazione di terra. Il dirigibile si chiamava *America* e il "dannato gatto" Kiddo.

15 ottobre 1910 ore 8 del mattino: l'*America* è pronto a salpare per la prima traversata atlantica. Oltre le nuvole che si addensano sull'oceano si profila l'Europa, punto di arrivo del viaggio. Il capo della spedizione, Walter Wellman, pioniere dell'aviazione americana, si trova ad Atlantic City insieme al suo equipaggio di cinque membri. O meglio cinque membri noti e un clandestino: Kiddo, che Murray Simon, uno degli uomini della spedizione, ha fatto salire a bordo di nascosto come mascotte, in ossequio a un'antica tradizione marinaresca.

Mancano pochi istanti alla partenza ed ecco che il capo ingegnere si accorge del gatto e, malgrado le vibranti proteste di Simon, decide di farlo scendere a terra con una fune.

Kiddo viene dunque messo dentro una sacca da marinaio con l'intenzione di calarlo a terra con una corda ma… troppo tardi. Gli ormeggi sono stati mollati e il dirigibile è partito. Il micio non ha alcuna difficoltà ad adattarsi alla nuova situazione e finirà addirittura per schiacciare i suoi pisolini sul letto del comandante, come quest'ultimo racconta in *The Aerial Age*, il suo diario di bordo.

Nonostante il gattino portafortuna, tuttavia, la spedizione non andrà a buon fine. A circa 1.600 chilometri di distanza dalla costa, a sud di New York, l'*America* è costretto a un atterraggio di fortuna. A questa circostanza risale la celebre comunicazione radio. Al di là di tutto, comunque, l'equipaggio sarà orgoglioso dei propri record: "Abbiamo percorso 1.008 miglia, volando per 78 ore; siamo stati costretti a sacrificare il nostro dirigibile, ma ci siamo salvati tutti […] Abbiamo raccolto una gran quantità d'informazioni utili in futuro a risolvere i problemi della navigazione aerea. E anche il gatto è sano e salvo".

**Un suggerimento** È credenza diffusa tra i marinai che un gatto a bordo porti fortuna, al punto che se per caso cade in mare si calano le scialuppe per salvarlo. Si pensa così di scongiurare il pericolo che una tempesta si abbatta sulla nave.

# 53_Kitler-Cats

*Lui è tornato!*

Romanzi, film, fumetti o blog: la satira su Adolf Hitler compare un po' in tutti i mezzi di comunicazione e come sempre le polemiche non mancano.

"È giusto ridere di Hitler?" si chiedono alcuni, mentre altri considerano un atteggiamento illuminato quello di lasciar spazio alla satira come strumento di rielaborazione. Mentre in Germania l'argomento viene ovviamente affrontato con estrema delicatezza, in altri paesi è da tempo una prassi diffusa quella di deridere il dittatore, lasciando naturalmente fuori dal gioco, per tacito accordo, il bagaglio di vittime, sofferenze e orrori di cui si è macchiato.

Proprio nei paesi di lingua inglese, nell'ambito del teatro di strada, la messa a nudo della vuota retorica del Terzo Reich con le sue parate militari, i cortei e i monumenti grandiosi vanta una lunga tradizione. Sul grande schermo poi come dimenticare la magistrale interpretazione di Charlie Chaplin nel *Grande dittatore* o un film come *Vogliamo vivere!* di Ernst Lubitsch. Chi non ricorda ancora, negli anni Ottanta, i Monty Python e la scena di Mr Bimmler, Ron Vibbentrop e Mr Hilter che, chiusi in una pensione, rimuginano su una piantina di Stalingrado?

Non c'è da meravigliarsi dunque che il sito satirico catsthatlooklikehitler.com sia nato proprio in Gran Bretagna. Fondato nel 2006, è divenuto presto celebre dopo che i media europei e australiani lo hanno scoperto, suscitando reazioni che vanno dalla condanna sdegnata all'approvazione entusiasta. Oggi la pagina di catsthatlooklikehitler.com ospita più di ottomila foto di gatti bianchi e neri il cui aspetto lascia campo libero alle più svariate associazioni da parte degli internauti. Malgrado nessuno dei gatti possa fare qualcosa per il proprio aspetto e forse neanche l'avrebbe scelto un pelo così, le immagini di Luigi, Kevin o del "Furrer" strappano sempre una risata.

Ironia della sorte: sembra che Hitler fosse affetto da ailurofobia, la paura ossessiva dei gatti!

**Un suggerimento** www.catsthatlooklikehitler.com

# 54_Kuching

*La città dei gatti*

La più grande città dell'isola del Borneo, in Malesia, conta più di 700.000 abitanti e occupa una superficie che supera i 431 chilometri quadrati. Vanta numerose attrattive turistiche tra templi, edifici e quartieri urbani. Il clima è caldo e umido: nulla di strano per un centro ubicato a questa latitudine. Più insolito appare invece il suo nome, Kuching, che in lingua malese significa "città dei gatti".

In genere, per spiegare la singolare toponomastica del luogo si ricorre a due interpretazioni, l'una realistica l'altra più vicina alla leggenda. La prima, più verosimile, fa riferimento alla presenza sul posto di numerosi gatti selvatici donde il nome di "città dei gatti".

L'altra, invece, si basa su un equivoco di cui si rese protagonista il primo dominatore bianco della città, James Brook che, al suo arrivo qui nel 1839, avrebbe chiesto a un uomo del posto il nome della località. Questi, che non capiva bene la lingua dello straniero, credette che Brook gli avesse domandato il nome dell'animale che in quel momento stava passando di là e che, non a caso, era uno dei tanti gatti selvatici della zona.

Oggi Kuching cerca di legittimare il proprio nome attraverso i tanti monumenti dedicati ai gatti disseminati per la città, un patrimonio che non conosce limiti in termini di fantasia, dimensioni e stile, ma la cui estetica – su questo concordano sia molti abitanti sia i visitatori – lascia spesso a desiderare.

Un'attrazione turistica sulla quale i pareri sono particolarmente contrastanti è il museo dedicato ai gatti. L'edificio, che sorge in posizione dominante su una collina, inghiotte i visitatori tra le sue fauci spalancate.

Al suo interno è possibile trovare tutto ciò che direttamente o indirettamente abbia a che fare con i nostri amati amici a quattro zampe. Si va da mostre sul tema agli accessori, al cibo e a ogni tipo di gadget "gattesco" più o meno kitsch. Il tutto per la gioia di tutti i gattari doc!

**Indirizzo** Museo dei gatti, Bungun DBKU, Bukit Siol, Jalan Semeriang, Petra Jaya, 93050 Kuching, Sarawaki, Malesia. Il museo si trova al piano terra del Kuching North City Hall Headquarter. L'ingresso è gratuito, è richiesto solo il versamento di una tassa per poter scattare fotografie.

# 55 Lämmchen

*La progenitrice di una stirpe*

In verità tutto sarebbe potuto cominciare molto prima, e precisamente con Munk, nato intorno al 1930/31 nei dintorni di Königsberg, da due genitori – un gatto d'angora a pelo lucido e un gatto blu di Russia – che avevano nel sangue il gene del pelo riccio. E infatti Munk e suo fratello erano nati ricoperti da una morbida pelliccia di riccioli blu. Ma nessuno all'epoca aveva saputo riconoscere le potenzialità riproduttive dei due e così Munk aveva fatto indiscriminatamente la gioia delle gattine del paese, mentre suo fratello era stato castrato.

Sembrava dunque andata perduta la chance di creare una nuova razza e bisognerà attendere il 1978 perché una foto di Munk riapra un capitolo che sembrava definitivamente chiuso.

Ma andiamo per ordine. Siamo negli anni Cinquanta quando nel giardino dell'ospedale Hufeland a Berlino-Buch una gatta finisce tra le braccia di una dottoressa interessata agli esperimenti sulle razze animali. La gatta si chiama Lämmchen (agnellino) per la sua pelliccia nera arricciata che ricorda quella di un persiano, e la dottoressa è Rose Scheuer-Karpin. Le due insieme riescono a portare a termine con successo la creazione della prima razza di german rex. Dunque a Lämmchen va il titolo di progenitrice di tutti i gatti german rex oggi viventi.

La prima cucciolata, nata nel 1957 e composta da due gattini a pelo riccio e due a pelo normale, viene data in adozione all'estero. Intanto, la scoperta in Inghilterra di altri esemplari di gatto a pelo riccio fa sì che il german rex diventi il partner ideale per realizzare incroci, ma ne determina anche la progressiva scomparsa. Undici anni dopo in Germania erano rimasti solo tre discendenti di Lämmchen. Se un gruppo di allevatori non si fosse deciso a salvare questa razza, la storia del Rex tedesco sarebbe stata davvero breve. È grazie alla loro iniziativa se oggi Lämmchen può essere considerata la progenitrice di una vera e propria stirpe.

**Un suggerimento** Nata nel 1912 da una famiglia di commercianti ebrei, Rose Scheuer-Karpin conobbe come tanti altri un destino di persecuzione, fuga e ritorno in patria. Nel 1970 lasciò la DDR per raggiungere Israele e successivamente trasferirsi in Inghilterra. Dopo aver esercitato per 75 anni la professione medica è tornata in Germania dove è morta nel 2013. La passione per i gatti è stata una costante della sua vita.

# 56_Larry

*The Right Honourable Larry*

"Tra i suoi doveri quotidiani vi è quello di pensare attentamente a una soluzione per risolvere il problema dei topi di casa. E Larry sostiene che questa attività speculativa rientra nel suo piano tattico."

Così suona l'annuncio del Chief Mouser della residenza ufficiale del primo ministro inglese in Downing Street. Parole sacrosante! Ma come la mettiamo con i risultati? L'opinione pubblica vuole fatti!

Da quando è entrato in carica nel 2011 per eliminare definitivamente i topi dentro e fuori la casa, il cacciatore è riuscito a dare un saggio delle sue capacità solo un anno dopo, quando ha catturato in pubblico un topo. Udite, udite! Sono davvero ben spese le 100 sterline che il felino costa ogni anno ai contribuenti inglesi o la decisione di "assumere" una collaboratrice, di nome Freya, è una prova della sua incapacità di trovare una soluzione efficace al problema?

A nulla sono servite le importanti visite del presidente americano e di altre prestigiose cariche per mettere a nudo le debolezze del dipartimento per la caccia ai topi di Downing Street o per richiamare l'attenzione dei cittadini sul problema. L'opposizione vigila attentamente per cercare di capire se Larry sia effettivamente all'altezza dei suoi predecessori.

E qui entrano in gioco grossi nomi, nomi di tutto rispetto che, a partire dal 1929, hanno rivestito l'incarico rivelandosi perfettamente all'altezza del proprio compito. Parliamo di Peter, in servizio dal 1929 al 1946 sotto cinque primi ministri, di Nelson, il cacciatore di topi di Winston Churchill o di Humphrey, che dopo aver servito fedelmente la Thatcher e Blair, si è poi goduto una meritata pensione.

Ora cari signori tocca a Larry dimostrare di essere capace di darsi da fare quando serve, di essere pronto a catturare e a non mollare la preda prima di aver portato a termine il suo compito. E tutto questo in nome del Primo ministro e di Sua maestà la regina.

*God save the Queen!*

Indirizzo 10 Downing Street, Londra SW1A 2AA, Gran Bretagna.

# 57 Linguaggio felino

*Avere una gatta da pelare*

I gatti comunicano con il proprio corpo. Si esprimono con gli occhi, le orecchie, la coda, il portamento. Fissano lo sguardo, socchiudono gli occhi, inarcano la schiena, si gonfiano. Con gli artigli marcano il territorio in modo ben visibile non solo quando si tratta di alberi ma – per la gioia dei loro padroni – non si fermano neanche di fronte a mobili e tappeti pregiati. Quando poi sono in assetto di guerra, soffiano e lanciano grida acute.

Per comunicare con i padroni, invece, i gatti tornano cuccioli. Ricorrono al linguaggio delle prime settimane di vita: miagolii e fusa a più non posso pur di ottenere la scatoletta del loro cibo preferito… cosa che puntualmente accade.

E per quanto riguarda gli uomini? Sicuramente i gatti sono entrati non solo nel cuore, ma anche nel linguaggio degli umani. Tanti sono i modi di dire che vedono protagonisti i nostri amici a quattro zampe.

I neonati "gattonano" quando cominciano a esplorare lo spazio intorno a loro muovendosi a quattro zampe. Se due litigano di continuo sono "cane e gatto". Una situazione difficile è "una gatta da pelare", se poi si ripete senza soluzione è "un gatto che si morde la coda" e "non c'è trippa per gatti" quando non vi è possibilità di successo. Una persona che finge un carattere docile e irreprensibile, ma in realtà è tutt'altro, è una "gatta morta". Se qualcuno tormenta un avversario più debole sapendo di poterlo battere quando vuole sta "giocando al gatto con il topo". Due tipi inseparabili sono come "il gatto e la volpe". E attenzione a "non dire gatto se non l'hai nel sacco", ossia a non cantare vittoria prima di essere certi di averla ottenuta.

Se bimbo e gatto scompaiono insieme in bagno, la mamma è sicura che "qui gatta ci cova" e presume che i due "si laveranno come i gatti". Sa benissimo che "quando la gatta non c'è i topi ballano". E arrabbiarsi serve a poco perché… "tanto va la gatta al lardo che ci lascia lo zampino".

# 58 Maneki-neko

*Gatto portafortuna*

Che cosa hanno in comune in Giappone bordelli, negozi, ristoranti e chioschi della lotteria?

Prima di dare libero sfogo alla fantasia, date un'occhiata a una nicchia che si trova in prossimità dell'entrata. Vi troverete la statuetta di un gatto solitamente di plastica, anche se non mancano più nobili versioni in ceramica o in porcellana: il Maneki-neko.

L'animale saluta instancabile con un cenno del braccio e la sua funzione è quella di attirare clientela, prosperità e fortuna. Decisivo è il braccio con cui saluta: il sinistro propizia la clientela, il destro la fortuna e il benessere, se lo fa con entrambi allora è un Maneki-neko maleducato. Anche i colori hanno la loro importanza: il rosso è per l'amore, l'oro e l'argento per il denaro, il bianco per l'onestà, il nero allontana qualsiasi sventura.

Sull'origine del Maneki-neko (招き猫) esistono numerose leggende. La più suggestiva racconta della gatta di una geisha che un giorno si era avventata con tale violenza contro la donna che il padrone di casa accorso sul posto aveva tagliato la testa all'animale con un colpo di spada. Mentre la testa ancora rotolava sul pavimento un serpente era saltato fuori dal suo nascondiglio e l'aveva morsa. La geisha era talmente triste per la perdita della coraggiosa bestiola che il padrone per consolarla le regalò una copia in ceramica della gatta a grandezza naturale. L'ipotesi più verosimile è che la tradizione abbia avuto origine alla corte imperiale, dove già intorno al 1600 era stata selezionata la razza del bobtail giapponese che ancora oggi costituisce il modello delle statuine del Maneki-neko.

Da tempo queste hanno fatto il loro ingresso anche in Europa e negli Stati Uniti. A esportare la simpatica tradizione al di fuori del continente asiatico hanno contribuito non solo gli emigrati ma anche i cartoni animati e i manga.

Avete anche voi un Maneki-neko? Allora probabilmente fortuna e ricchezza vi aspettano dietro l'angolo.

# 59 Maru

*Scatoloni, scatoloni e poi ancora sscatoloni…*

Un po' goffo e impacciato il paffutello Scottish Fold della foto si arrampica sul tiragraffi cercando di afferrare un giocattolo e ops! Eccolo che ricade a testa in giù. Questo è Maru, che in giapponese vuol dire cerchio; in effetti un nome molto azzeccato per questo micio dalla testa rotonda, il dorso dal pelo morbido e i grandi occhi tondi dallo sguardo irresistibile.

Nuovo video: un grande scatolone al centro di una stanza. Maru si drizza sulle zampe e con quelle anteriori raggiunge il bordo che finisce per spostarsi qualche metro più in là. Il suo obiettivo è chiaro: vuole entrarci dentro, ma l'impresa si presenta più ardua di quanto non avesse creduto. Maru si acquatta e poi si drizza di nuovo sulle zampe: ora il problema sono i lembi del coperchio. Ma di rinunciare non se ne parla proprio! In un attimo balza sul tavolino, ma lo scatolone è troppo distante. Maru si sporge, prende le misure, un bello slancio e via! Troppo poco! bastavano altri 5 cm; rimane penzoloni per qualche secondo sul bordo del cartone e poi ricade. Ecco il quinto salto: finalmente dentro! Non importa se ci è arrivato un po' ammaccato e a zampe all'aria. Maru ora è felice… fino al prossimo scatolone.

Insomma, Maru adora gli scatoloni, grandi o piccoli che siano. E anche le buste di carta. Quel che conta per lui è riuscire a entrarci dentro, costi quel che costi.

Questa palla di pelo goffa e curiosa infatti non si arrende mai; proprio per questo piace ai suoi followers. Da quando è stato pubblicato il primo filmato che lo vedeva protagonista, il 10 luglio del 2008, la schiera dei fan di Maru ha raggiunto il mezzo milione; mentre si contano quasi 300 milioni di click dei suoi video. La padrona che, tranne per un'eccezione, non compare mai nelle riprese, gestisce il portale sotto lo pseudonimo di mugumogu. Chi invece volesse essere aggiornato sulle imprese di Hana, l'amichetta di Maru dal 2013, può andare su sisinmaru.blog17.fc2.com.

# 60_Matilda

*Gatti da albergo*

Per lungo tempo si è creduto che la storia dell'Hotel Algonquin, l'albergo ufficiale dei gatti, fosse cominciata negli anni Trenta con il randagio Rusty. Poi è uscito il libro, letteralmente andato a ruba, di Frank Case – primo direttore e in seguito proprietario della struttura – in cui l'autore, raccontando della sua vita e del suo lavoro, citava anche il primo gatto giunto all'Algonquin: Billy.

Fu lui a fondare nei primi anni Venti la tradizione "felina" dell'albergo, ad accogliere per primo gli ospiti illustri e gli incalliti bevitori che partecipavano alle tavole rotonde organizzate dalla scrittrice Dorothy Parker. A Billy successe Rusty, ribattezzato Amleto in onore dell'attore John Barrymore, ospite dell'albergo durante le prove dello spettacolo in cui recitava il ruolo dell'eroe shakespeariano.

Dal dicembre del 2010 la gatta Matilda è la nuova maestra di cerimonie dell'Algonquin, undicesima di una genealogia di sette Amleto, due Matilda e naturalmente il primo Billy.

La tradizione vuole che il gatto abbia alle spalle un passato da randagio: l'Algonquin deve essere per lui una nuova casa, comoda e accogliente. Anche Matilda dunque è stata presa in un gattile e ora si gode appieno la nuova vita. Viene spazzolata ogni giorno, il suo compleanno si celebra con una grande festa, le cucine dell'albergo provvedono ai suoi pasti e la chaise longue a sinistra dell'entrata è riservata esclusivamente a lei.

L'Algonquin ha anche un Chief Cat Officer, Alice de Almeida, responsabile del benessere psicofisico di Matilda. La gatta beve latte solo da una coppa di champagne e ha anche un ghostwriter per rispondere alle e-mail che riceve. Infatti da felina tecnologica qual è, è presente sui social dove i suoi fan possono seguirne le attività e tenersi in contatto con lei.

Chi entra all'Algonquin la trova al desk della reception dove accoglie i clienti con le sue movenze regali, che mandano gli ospiti in visibilio.

**Indirizzo** The Algonquin Hotel, 59 West 44th Street, New York, NY 10036, USA, Algonquinhotel.com; Matilda ha un indirizzo e-mail personale: matildaalgonquincat@algonquinhotel.com.

# 61_Max 1

*Tutti pazzi per la palla*

Sheila è in gran forma oggi! E guarda Emil che avanza rapido e stoppa prontamente la palla… sull'aiuola delle rose; ops! Curva stretta per evitare la sedia da giardino, ma ecco che la palla arriva a Max, il gatto fa un giro su se stesso, tira e… rete! Gol di Max il gatto!

Esultano sugli spalti gli spettatori che, in questo caso, altri non sono che i padroni di Max, un gatto delle foreste norvegesi di tre anni. Insieme a lui a giocare sul prato ci sono il fratello Emil e Sheila, la gatta nera di casa. Max va pazzo per il pallone; il suo campo da calcio è il giardino di casa e le palle con cui gioca possono essere di feltro, gomma o schiuma sintetica.

Qualsiasi sia il materiale di cui sono fatte, Max riesce ad afferrarle con i denti, va in scivolata, le insegue e urla forte. Tutto questo quando si trova sul campo di pallone. Se Emil e Sheila non hanno voglia di giocare con Max, nessun problema: lui si allena da solo con altrettanto gusto e tenacia. Emil segue dalle retrovie: colpo di testa, respinta, Max deve tirare dal fondo, calcia e… rete! Rete!

Per farla breve: Max va matto per il pallone. A parte questo dettaglio, per il resto l'irresistibile quadrupede è l'immagine perfetta del gattino della porta accanto, tenero e simpatico. Quando vuole uscire aspetta con pazienza davanti alla porta del terrazzo finché qualcuno non arriva ad aprirgli. È un buongustaio e gli piace essere protagonista della scena.

In famiglia lo descrivono ammiccanti come un gatto pagliaccio un po' folle. Ma eccoci di nuovo in campo: i gatti corrono sulla fascia sinistra, la palla è al centro, Max ha la possibilità di tirare. Gol: uno a zero!

Malgrado la valanga di coccole e di complimenti che riceve quotidianamente, Max non si dà affatto delle arie. Eppure ne avrebbe motivo: nell'autunno del 2015, infatti, il pubblico lo ha volute tra i *111 gatti e le loro pazze storie*.

Ma attenzione, la partita è finita: Max è campione del mondo!

# 62 Max 2

*Un gemello speciale*

Max è un modello, una vera musa ispiratrice. La sua immagine è già apparsa sulle pagine delle riviste, su alcuni dipinti ed è persino diventata un piccolo gatto-puttino.

Il micio pezzato con il naso nero sembra quasi fiutarla la macchina fotografica. I giochini di destrezza sono il suo pane quotidiano. "Siediti", "sdraiati", "girati": Max obbedisce a tutto in cambio di un bocconcino goloso anche se ha appena lucidato la ciotola. Se si ha fretta e Max è di buon umore, esegue rapidamente tutto quel che c'è da fare spontaneamente, senza bisogno di sollecitarlo. Più che come artista i suoi fan lo conoscono come gatto di mondo e gran bevitore (una volta è stato sorpreso a tracannare di nascosto una bottiglia di birra).

Se è a queste peculiarità che deve il suo successo, o al grande charme o alla sua espressività, oggi è difficile dirlo. Quel che è certo è che Max, che oggi ha dieci anni, è stato il primo gatto ad aver avuto un gemello in feltro venuto alla luce, o meglio al mondo dell'ago e filo, grazie all'artista Trixi Geng che si è ispirata al gattino in carne e ossa per realizzarne una copia perfetta a grandezza naturale. Max dunque è stato il capostipite di una lunga serie di gatti gemelli praticamente identici ai loro modelli vivi.

Per realizzare questi piccoli capolavori ai gatti veri "non viene torto neppure un capello". Geng infatti utilizza unicamente feltro del colore del manto del micio che vuole creare. Solo i peli dei baffi sono veri, ma sono quelli caduti spontaneamente e raccolti con paziente acribia.

Le riproduzioni in feltro di Max si sono nel frattempo moltiplicate. Ora i due Max, quello vero e il suo gemello, campeggiano sulla home page del sito dedicato ai gemelli in feltro. Certo, a una sola cosa bisogna stare veramente attenti: a non lasciar giocare a lungo insieme i gemellini da soli, altrimenti il rischio che tutta la loro somiglianza svanisca in pochi attimi è davvero alto…

# 63_Mikesch

*Il gatto burattino*

Quanto a dimensioni Mikesch potrebbe sembrare un gatto qualunque; anche il musetto bianco e l'interno delle orecchie di colore più chiaro sono del tutto ordinari. Ma la somiglianza con i gatti in carne e ossa finisce qui. Mikesch indossa una giacca a disegni colorati, stivali con risvolto marroni e adora le motociclette. Detto questo, non sorprende che sappia anche parlare.

C'è ancora qualcosa che rende speciale Mikesch: il fatto di essere stato la star dei gatti degli anni Sessanta e Settanta, il gatto del cuore di ogni bambino, protagonista di un programma televisivo tedesco di enorme successo. Ispirandosi al libro dello scrittore ceco Josef Lada, pubblicato intorno agli anni Trenta, e sulla traduzione che ne aveva fatto Otfried Preußler, il drammaturgo dell'Augsburger Puppenkiste (il Teatro delle marionette di Augusta), Manfred Jenning, inventò la storia del gatto parlante. Mikesch, che per sbaglio ha fatto cadere a terra la lattiera della nonna rompendola, parte per il mondo in cerca di denaro per poterne comprare una nuova e alla fine trova lavoro presso il circo Klutzki.

Quando finalmente ha il denaro sufficiente per ricomprare la lattiera e portare qualche regalino agli amici, decide di tornare a casa, al villaggio di Holleschitz, dove tuttavia con amarezza scopre che qualcuno l'ha già rimpiazzato. Si tratta di un gattino bianco di nome Maunzerle, che già è in grado di parlare un po' ma naturalmente non così bene come Mikesch.

I sei episodi in bianco e nero furono girati con la regia di Harald Schäfer, mentre a prestare la voce al gatto era Max Bößl. Il 22 novembre del 1964 Mikesch è apparso per la prima volta in televisione. Dal 1985 i suoi fan possono ammirarlo anche in versione a colori in una serie suddivisa in quattro parti, firmata da Sepp Strubel e riprodotta dal 2004 anche in DVD. Questa volta a doppiare Mikesch, che ancora oggi occupa un posto speciale nel cuore di molti bambini, è Winfried Küppers.

**Indirizzo** Augsburger Puppenkiste, Spitalgasse 15, 86150 Augusta, www.augsburger-puppenkiste.de.

# 64_Minneke Poes

*La regina dei gatti*

Il suo sposo, in frac nero e cappello a cilindro grigio, è alto sei metri e pesa centottanta chili. Quanto a lei, tace sul suo peso, ma deve essere non irrilevante. Eppure Minneke Poes fa la sua figura con l'ampia gonna, il corpetto nero e la giacca rossa, proprio come se l'era immaginata il suo disegnatore Frans van Immerseel.

Nessuno dubita che sia lei la regina dei gatti, in onore della quale ogni tre anni, a maggio, viene organizzata una parata nell'ambito della grande festa dei gatti che si tiene nella città belga di Ypres.

Cittadina onoraria in origine di Zwevegem, centro delle Fiandre occidentali, l'8 maggio del 1960 la gigantesca figura prese parte alla parata dei gatti di Ypres in virtù di uno scambio. Si racconta allora che Cieper, il re della festa dei gatti, quando la vide ne rimase folgorato… nel vero senso della parola perché Minneke aveva alcuni fili scoperti.

Alla fine comunque l'amore ha trionfato: Zwevegem ha donato per sempre la regina a Ypres che, dal 2003, dopo aver sottoposto Minneke a un radicale restyling, ne ha fatto la principale attrazione della parata dei gatti.

L'evento richiama per le vie della città più di 2.000 abitanti mascherati da gatti, oltre a migliaia di spettatori. Quando il corteo, dopo tre ore, raggiunge il campanile della città, lo spettacolo non è ancora finito. A questo punto infatti il buffone del paese inizia a gettare alla folla festante gatti di peluche dalla torre campanaria.

Le origini storiche di questa manifestazione oggi gioiosa e ludica sono in realtà piuttosto tristi. Fino al 1817, infatti, in primavera era costume gettare dalla torre gatti vivi per sbarazzarsene dopo che avevano svolto il loro compito di tenere lontani i topi dai depositi della lana.

Una volta venduta tutta la lana non si sapeva più che farsene dei poveri animali e così l'ultimo giorno della festa, il cosiddetto mercoledì dei gatti, diventava per loro l'ultimo giorno di vita.

**Indirizzo** Ufficio del turismo di Ypres, Tuchhalle, Grote Markt 34, 8900 Ypres, Belgio | **Orari** Tutti i giorni 9-18, sab-dom dalle 10. | **Un suggerimento** Per aver informazioni sul prossimo Kattenstoet consultate il sito www.kattenstoet.be.

# 65_Momo & Mogli

*Gatti poliziotto al servizio dello Stato*

Professione: gatti poliziotto. Missione: caccia ai topi. Sede di servizio: le scuderie dei reparti a cavallo della polizia di Monaco-Riem.

In questa struttura vivono i 36 cavalli della polizia di Monaco in servizio presso gli stadi, nel Giardino inglese, lungo le sponde dell'Isar e presso i laghi balneabili della città. Oltre alle stalle, il complesso dispone di un maneggio coperto, di pascoli, recinti e spazio in abbondanza. Il problema qui sono le mangiatoie in quanto rappresentano un lauto banchetto per i topi.

Ecco perché nella descrizione dei compiti di un gatto poliziotto in servizio presso le scuderie si legge: "La missione primaria dei nostri gatti è quella di tenere lontani i topi dal complesso di Monaco-Riem, per impedire la contaminazione del cibo destinato ai cavalli". Gli escrementi e l'urina dei topi, infatti, potrebbero nuocere alla salute dei cavalli. Si avrebbero allora costi elevati per l'assistenza veterinaria, la sospensione degli animali dal servizio e, nei casi peggiori, la morte. Il compito di Momo e Mogli è dunque in primo luogo quello di garantire tutela sanitaria a basso costo ai loro amici quadrupedi.

Il che non li sminuisce affatto agli occhi dei colleghi poliziotti umani, anzi: i due gatti, nati entrambi nell'estate del 2007, godono di grande popolarità. Oltre a coccole in abbondanza ricevono ogni sorta di leccornia come premio per i topi catturati nei box dei cavalli.

A dimostrazione che la caccia è stata fruttuosa entrambi i gatti, secondo gli ordini, depongono i loro trofei davanti alle porte delle stalle perché il caposervizio ne sia informato. A lavoro ultimato, i mici amano rilassarsi nel loro posto preferito: un vaso di fiori nel cortile interno.

Quando è inverno, invece, preferiscono i covoni di paglia o la soffitta. Dal 2007 Momo e Mogli sono in servizio attivo presso il reparto di polizia a cavallo che fornirà loro vitto e alloggio vita natural durante.

# 66 Mr Lee

*La star dei fotografi*

I gatti – si sa – sono curiosi. Ma come la mettiamo quando sono i padroni a volersi impicciare degli affari dei loro gatti?

Nel caso di Mr Lee, il suo padrone era intenzionato a scoprire che origine avessero le ferite di guerra con cui il micio tornava spesso a casa e dove si andasse a cacciare quando rimaneva fuori per ore se non per giorni.

Ecco allora che l'ingegnere tedesco Jürgen Perthold, che vive nella Carolina del Sud, nel 2007 ha inventato la CatCam, una minuscola macchina fotografica di soli 30 grammi, racchiusa in una custodia di materiale impermeabile che scatta una foto al minuto. Perthold ha fatto indossare l'apparecchio a Mr Lee e poi lo ha spedito al foto-safari.

I risultati hanno lasciato di stucco non solo l'ingegnere. Oltre a scoprire molte cose sulla vita del suo gatto fuori casa – per esempio s'incontra con altri gatti, ama star seduto sotto le auto, va a trovare regolarmente una bella micetta rossa – la macchina ha scattato più di 500 foto di un giro esplorativo del felino, di cui alcune sono dei veri capolavori che non hanno nulla da invidiare agli scatti dei fotografi di professione. La loro peculiarità e bellezza risiede proprio nella prospettiva assolutamente originale da cui sono state fatte.

Perthold ha messo le foto in rete e il successo è stato tanto travolgente da bloccare a volte addirittura la pagina web. Erano troppi infatti i padroni di gatti che non solo volevano vedere le immagini, ma anche sapere come procurarsi un apparecchio simile per il proprio micio. Allora sul sito internet di Mr Lee è stata pubblicata una guida utile a costruirlo.

Ma la cosa non è finita qui. Nel 2007 Mr Lee ha vinto il De Kleine Hans, un premio assegnato ogni anno da una giuria di cinque fotografi olandesi che si chiamano tutti Hans (di qui il nome della manifestazione) a colleghi non professionisti che abbiano immortalato la quotidianità in immagini di straordinaria semplicità.

# 67 Mrs Chippy

*Non una signora ma un gentiluomo*

La sua vita tra i ghiacci dell'Antartide è stata dura e avventurosa e la sua morte tragica. Mrs Chippy, il gatto del carpentiere della nave Harry McNish, soprannominato Chippy, era salito come mascotte insieme al suo padrone a bordo dell'*Endurance* impegnata in una spedizione in Antartide. McNish aveva preso Mrs Chippy da alcuni amici in Scozia. Quando i marinai si accorsero che era maschio ormai era troppo tardi: lo avevano già battezzato Mrs Chippy e questo sarebbe rimasto il suo nome, senza che nessuno ci facesse più di tanto caso.

Mrs Chippy era amatissimo. Dietro i possenti baffi e un'indole affabile si nascondeva un temibile cacciatore di topi e un cuor di leone. Nei diari di bordo dei vari membri dell'equipaggio si leggono frequenti annotazioni sul carattere speciale del felino.

Il 13 settembre, un mese dopo l'inizio del viaggio, Mrs Chippy saltava da un oblò in mare. L'ufficiale di guardia, eseguita la manovra dell'uomo in mare, lo salvava dalla acque gelide in cui era rimasto per più di dieci minuti. Il gatto seguiva spesso e volentieri la sua voglia di avventura e amava decisamente il rischio come quando si pavoneggiava e sfilava con l'aria snob e la coda ben alzata sotto i musi ringhianti dei cani da slitta rinchiusi in gabbia.

La spedizione dell'*Endurance* si concluse tragicamente il 27 ottobre del 1915, quando l'imbarcazione s'incagliò nella banchisa. Ernest Shackleton decise allora di sacrificare tutti gli animali che non avevano un'utilità immediata e purtroppo anche Mrs Chippy finì sulla lista nera. L'equipaggio si oppose ma inutilmente e fino alla sua morte nel 1930 il carpentiere McNish non avrebbe perdonato a Shackleton questa decisione.

Nel 1959 la New Zealand Antarctic Society ha dedicato un monumento funebre a Harry McNish presso il cimitero di Karori a Wellington. Qui il carpentiere riposa accanto a una statua in bronzo di Mrs Chippy. Così finalmente i due sono di nuovo insieme.

**Indirizzo** Karori Cemetery, 76 Old Karori Road, Karori, Nuova Zelanda | **Orari** Lun-dom 7:30 fino al tramonto.

# 68_Muezza

*Il gatto del profeta*

*Un giorno il profeta Maometto – che la pace e la benedizione di Allah siano su di lui – fu svegliato dal grido del muezzin. Alzatosi volle indossare la sua veste più preziosa in onore del Signore.Accortosi però che il suo adorato gatto Muezza si era addormentato acciambellato nella manica dell'abito, pur di non disturbare il sonno dell'animale, il Profeta – che la pace e la benedizione di Allah siano su di lui – decise senza esitazione di tagliare la manica.* Così racconta l'affascinante leggenda di Muezza, l'amatissimo gatto del profeta Maometto, il fondatore della religione musulmana. Diversamente dai cani, nella cultura araba i gatti non sono considerati "najis", impuri, anzi sono animali domestici molto amati, che tengono lontano gli insetti nocivi dalla casa e dai granai. Sicuramente in questa particolare considerazione di cui godono i gatti presso gli arabi un ruolo non indifferente ha giocato la tradizione religiosa dell'antico Egitto che li riteneva animali sacri.

Muezza era quasi certamente un gatto chiaro a pelo lungo con caratteristiche simili a quelle dell'attuale razza Turco Van. Secondo un'altra leggenda, il disegno del pelo della testa di Muezza era il risultato delle carezze affettuose che il profeta faceva al suo amico a quattro zampe ogni qualvolta lo salutava.

Ma ecco ancora un'altra leggenda che vede l'amato Muezza protagonista:

*Una sera un serpente entrò strisciando di nascosto nella stanza dove il profeta era profondamente immerso in preghiera con l'intento di morderlo. Il fedele Muezza se ne accorse e, volendo proteggere il suo padrone, ingaggiò coraggioso una dura battaglia con il rettile al termine della quale uscì vincitore. Quando Maometto ebbe concluso la sua preghiera silenziosa, prese Muezza in grembo e cominciò pieno di gratitudine ad accarezzarlo sulla pancia.Da allora, proprio perché uno di loro ha salvato la vita del Profeta, tutti i gatti cadono sempre sulle zampe.*

**Un suggerimento** "Se qualcuno uccide un gatto, deve costruire diciassette moschee, prima di lavare questa sua grave colpa." – Maometto (570-632), fondatore dell'islam.

# 69 Muschi (& Mäuschen)

*La gatta che si credeva un orso*

Il direttore la chiamava "Sputnik" perché era spuntata all'improvviso. Era il 2001 e un bel giorno nel recinto degli orsi dello zoo di Berlino era apparsa Muschi con l'intenzione naturalmente di condividere le cibarie con i giganteschi mammiferi. Molti di questi tuttavia non erano affatto contenti della nuova coinquilina e lo mostravano chiaramente. L'unica che sembrava gradirne la presenza era la vecchia orsa tibetana Mäuschen. Aveva preso la gattina nera sotto la sua protezione e col passare dei giorni le due avevano formato una coppia inseparabile. Muschi e Mäuschen condividevano il cibo, si facevano le coccole e giocavano assieme. La gattina si addormentava serena tra le enormi zampe dell'orsa che la trattava come fosse uno dei suoi cuccioli. In breve tempo la coppia era diventata una delle principali attrazioni dello zoo: zoologi di fama internazionale venivano fin là per studiare il fenomeno dal vivo e le immagini di Muschi e Mäuschen fecero il giro del mondo.

Nel 2003 tuttavia la loro amicizia è stata sottoposta a una dura prova. La sistemazione temporanea di Mäuschen. in una gabbia per via dei lavori di ristrutturazione del recinto degli orsi ha provocato la disperazione di Muschi che trascorreva intere giornate miagolando affranta davanti alla gabbia della sua amica. Alla fine però la direzione e i curatori dello zoo si sono mossi a compassione e, in deroga al regolamento, hanno consentito alla coppia di trascorrere insieme dietro le sbarre gli ultimi mesi che ancora mancavano alla fine dei lavori.

Dopo il trasferimento nel nuovo recinto, le due amiche hanno vissuto insieme ancora sette anni finché nel 2010 Mäuschen. si è spenta alla veneranda età di 43 anni.

Ci è voluto del tempo prima che Muschi superasse il dolore per la perdita dell'orsa e trovasse un nuovo amico, questa volta della sua stessa specie. Oggi i due gatti sono i beniamini dei curatori dello zoo e continuano a vivere nella riserva degli orsi.

**Indirizzo** Giardino zoologico di Berlino, Hardenbergplatz 8, 10787 Berlino | **Orari** 25 ottobre-14 marzo tutti i giorni 9-17, 15 marzo-24 ottobre tutti i giorni 9-18:30, 24 dicembre 9-14. Le casse e le gabbie chiudono un'ora prima della chiusura dello zoo, www.zoo-berlin.de.

# 70 Myōbu Omoto

*La quinta dama di corte dell'imperatore*

In Giappone, dove i gatti erano stati importati dalla Cina come animali domestici, alcuni fortunati felini potevano godere di un trattamento particolare. Ichijō, imperatore dal 986 al 1011, amava molto i gatti e ne possedeva personalmente alcuni, come riferiscono i testi della letteratura giapponese del periodo d'oro.

La scrittura di racconti edificanti era molto diffusa soprattutto tra le dame della corte imperiale di Kyoto. Una di loro, Sei Shonagon, dama di corte della moglie dell'imperatore Ichinjō, ci ha lasciato la storia di Myōbu Omoto. Questa era la gatta preferita del sovrano e godeva del prestigio di una dama di corte di quinto rango, il più basso tra i ranghi superiori ma sicuramente al di sopra di quello di cortigiani e burocrati comuni che si trovavano tra il sesto e il dodicesimo rango. Questo significava che la gatta poteva comparire al cospetto dell'imperatore e che aveva a disposizione una governante personale adeguata al suo status.

Un giorno che Myōbu Omoto non voleva obbedire, la sua governante per spaventarla gli aizzò contro un cane. Questi tuttavia si comportò in modo più aggressivo di quanto la donna aveva previsto, scagliandosi contro la povera Myōbu Omoto. La gattina fuggì alla cieca verso gli appartamenti imperiali andandosi a nascondere addirittura nell'ampia manica della veste del sovrano: una condotta sicuramente contraria al protocollo! Ichijō però, compresa immediatamente la situazione, non esitò a proteggere l'adorata micetta dal suo inseguitore. La dama di corte colpevole venne rimossa dal suo incarico, e il cane allontanato.

Un'altra storia ancora racconta di una cucciolata di gattini, la cui nascita era stata salutata con ben quattro notti di festeggiamenti, come era costume fare quando veniva alla luce un bimbo di alto rango.

Non sappiamo tuttavia se si trattasse della cucciolata di Myōbu Omoto, o se invece fosse lei stessa uno dei gattini appena nati.

# 71 Mysouff

*Fedeltà felina*

Se nei suoi romanzi – da *I tre moschettieri* al *Conte di Monte Cristo* – Alexandre Dumas si rivela uno scrittore pieno di fantasia, non si può dire fosse molto originale nello scegliere i nomi dei propri gatti. Alla faccia dell'inventiva mise a tutti lo stesso: Mysouff, seguito dal numerale ordinale.

Nel libro *Storia dei miei animali* Dumas descrive con grande ammirazione il carattere singolare di Mysouff I, che per il suo modo di comportarsi somigliava piuttosto a un cane. Mysouff aveva l'abitudine di accompagnare per un tratto il suo padrone al lavoro, non solo al mattino ma anche alla sera quando si faceva trovare ad attenderlo puntuale, alle sei e mezzo, all'angolo della via. Insieme facevano l'ultimo pezzo di strada fino a casa.

A stupire Dumas era questa capacità del gatto fedele di farsi trovare sempre in orario al loro appuntamento. Infatti, malgrado la porta di casa venisse lasciata aperta e Mysouff fosse libero di uscire a suo piacimento, preferiva starsene comodamente disteso sul suo cuscino e solo al momento giusto, cioè quando sapeva che il padrone era sulla via del ritorno, si rianimava, pronto ad andargli incontro.

Anni dopo la morte di Mysouff, la cuoca dello scrittore trovò in cantina un gattino bianco e nero. La donna convinse Dumas a tenere l'animale, malgrado il *ménage* della casa all'epoca comprendesse anche tre scimmie e una voliera con uccelli rari. Mysouff II andava molto d'accordo con le tre scimmie che un giorno pensarono bene di procurargli una colazione con i fiocchi. Aprirono la porta della voliera e Mysouff non si fece scappare la ghiotta occasione.

Processato in direttissima Mysouff fu condannato a trascorrere cinque anni nella gabbia delle scimmie. La sentenza non venne però eseguita perché nel frattempo Dumas, per problemi economici, fu costretto a vendere le scimmie con tutta la gabbia.

Quanto a Mysouff si dovette accontentare di una dieta a base di topi.

# 72 Natalie: dietro le sbarre

*Gatti in carcere*

Anche se vi è finita per un preciso scopo, Natalie si trova molto bene là dove vive oggi. L'ex randagia è in prigione in attesa che le venga trovata una sistemazione definitiva. Non prima però di aver affrontato un percorso di "risocializzazione". Natalie infatti era considerata un animale difficilmente adottabile, al punto che si era ventilata anche l'ipotesi di sopprimerla. Era paurosa, timida e aggressiva soprattutto quando si sentiva in pericolo. Arrivava addirittura a mordere, graffiare, colpire: gli stessi atteggiamenti che hanno portato in prigione anche il suo attuale compagno di cella. Ora entrambi, l'uomo e il gatto, lavorano per imparare nuove modalità di comportamento che consentano loro di condurre una vita normale anche al di fuori delle mura di un carcere.

Presso il penitenziario di Yacolt, Washington, Natalie vive in una cella adattata ai bisogni di un gatto insieme a due detenuti per i quali la nuova sistemazione rappresenta un deciso passo avanti rispetto al dormitorio che condividevano in precedenza con altri quaranta reclusi. Per poter essere inseriti nel programma di *pet therapy* hanno dovuto dare preliminarmente prova di buona condotta. Ora stanno imparando a prendersi cura di un altro essere vivente e in questo modo anche di se stessi. Le regole sono rigorose e qualsiasi infrazione comporta il rischio di esclusione dal programma.

Anche in Germania è stato introdotto il concetto della zooterapia ma non ancora in modo mirato. Alcune prigioni ospitano gatti ma solo come cacciatori di topi. A Berlino-Tegel tuttavia è stato fatto qualche passo in tal senso. Qui due felini, Bonnie e Clyde, convivono insieme a uomini in detenzione preventiva, criminali cioè che, anche dopo aver scontato la pena, sono obbligati a rimanere in carcere per motivi di sicurezza.

Resta da vedere se anche da noi si affermeranno programmi di recupero da cui possano trarre reciproco giovamento sia uomini che animali.

# 73 Nedjem

*Il primo gatto con un nome*

Il secondo sacerdote di Amon, Puiemre, doveva amare molto la propria gatta, altrimenti non si spiegherebbe la presenza del nome dell'animale tra i rilievi parietali della sua tomba. Nedjem si chiamava la gatta, o Nedjemet secondo un'altra interpretazione dei geroglifici; entrambi i nomi significano qualcosa come "dolce" e "piacevole". Nedjem visse con il suo padrone intorno al 1460 a.C., al tempo della regina Hatshepsut che esercitò la reggenza per conto del figliastro e nipote Thutmose III.

L'insolita scelta di dare un nome al proprio gatto attesta il passaggio verso una personalizzazione di quest'ultimo che in qualche modo nobilitava il felino rispetto al ruolo puramente strumentale di cacciatore di topi. Per gli studiosi si tratta di una tappa importante per comprendere come il gatto sia diventato un animale domestico. Al riguardo l'arte funeraria dell'antico Egitto ci fornisce ulteriori informazioni.

Presso la tomba di Bakt III, a Beni Hassan, è stata rinvenuta la più antica rappresentazione di un gatto domestico. Risale al 1950 a.C. e raffigura l'incontro tra un gatto e un topo o un ratto. Altrettanto interessante risulta la circostanza per cui a questa epoca erano molto diffusi in Egitto nomi di uomini, come Pa-miu o Ta-miit, contenenti la parola gatto.

L'alimentazione di Nedjem consisteva probabilmente in pane, latte e avanzi di pesce crudo come si vede in una raffigurazione della tomba di Sennefer nella quale compare un gatto accucciato sotto una sedia e davanti a lui una ciotola con delle lische di pesce.

Si può dunque affermare che tra il 2000 e il 1000 a.C. il processo di domesticazione del gatto fosse un fatto compiuto. Sono numerosi i testi che ne descrivono l'aspetto, il comportamento, la biologia e il ruolo nell'ambito della religione e della società. Ma sicuramente a Nedjem tutto questo sarà interessato ben poco: a lei bastava fare le fusa al padrone in attesa di un bocconcino goloso.

# 74_Nora

*La pianista*

Leggendo le biografie dei grandi musicisti, si scoprono in genere padri ambiziosi e severi, duri sacrifici, intere giornate dedicate a esercitarsi, punizioni corporali e lacrime. Di gattili invece si legge raramente, eppure proprio da qui è cominciata la carriera di una musicista divenuta la numero uno indiscussa nel suo campo: Nora, la gatta pianista.

Quando venne adottata nel 2004 dall'insegnante di pianoforte Betsy Alexander e dal fotografo Burnell Yow, i suoi nuovi padroni non immaginavano minimamente quale direzione avrebbe preso la loro vita da quel momento. Inizialmente tutto sembrava normale. Nora, così chiamata in onore della pittrice Leonora Carrington, era una micetta energica che aveva reso difficile la vita agli altri gatti della casa. Con molti stratagemmi Betsy e Burnell avevano cercato di facilitarne l'integrazione, eppure Nora sembrava rilassarsi solo durante le lezioni di pianoforte quando le era consentito stare accoccolata sotto lo strumento.

Inutile dire lo stupore dell'insegnante di pianoforte la prima volta che ha sorpreso Nora mentre premeva con tocchi leggeri delle zampe i tasti producendo armoniosi pling, pling, pling. Ovviamente all'inizio ha pensato fosse un caso. Poi però ha fatto mettere Nora accanto ai suoi studenti e ha scoperto che era in grado di accompagnarli con lo stesso ritmo e la stessa tonalità: un autentico talento! Grazie al primo video caricato su YouTube dagli allievi di Betsy, Nora ha iniziato una vera "carriera internazionale". I suoi video sono stati cliccati milioni di volte, televisioni e giornali di tutto il mondo hanno parlato di lei e il compositore e direttore d'orchestra lituano Mindaugas Piečaitis ha persino scritto un "CATcerto" appositamente per Nora, la cui esecuzione è visibile in rete.

Nel 2007 Nora ha ricevuto addirittura delle recensioni critiche su *Times*, nelle quali il suo stile era definito "un mix tra Philip Glass e il free jazz".

**Un suggerimento** Chi volesse vedere Nora mentre suona può consultare la sua homepage www.norathepianocat.com, mentre per il CATcerto: www.catcerto.com.

# 75 Orangey

*And the PATSY Award goes to …*

Picture Animal Top Star of the Year: questo è il nome del premio, praticamente un Oscar degli animali, che Orangey si è gloriosamente aggiudicato ben due volte. La prima nel 1951 per il ruolo di protagonista in *Rhubarb* (*Rabarbaro*) e la seconda, dieci anni dopo, come indimenticabile interprete del gatto rosso senza nome di Holly Golightly in *Colazione da Tiffany*.

In *Rhubarb*, il gatto tigrato rosso recitava la parte di un randagio a caccia di un cane, che viene adottato da un milionario solo. Quando questi muore, lascia a Rhubarb tutti i suoi beni. L'improvvisa ricchezza provoca inizialmente qualche disavventura, ma poi alla fine tutto si risolve per il meglio. Sul set del film Orangey recitava insieme ad altri quattordici gatti, a ciascuno dei quali era stato insegnato un particolare gioco di abilità. Grazie al suo addestratore Frank Inn, comunque, Orangey aveva potuto fare sfoggio di un ampio repertorio da vero virtuoso, rubando la scena ai suoi colleghi.

Tra 1952 e il 1959 è apparso nella serie televisiva *Our Miss Brooks* e nei film *Metaluna IV non risponde*, *L'incredibile storia di Mister C.* e *Il diario di Anna Frank*. Nel 1961 la pellicola *Colazione da Tiffany* lo ha reso immortale. Qui, accanto a Audrey Hepburn, recitava un ruolo da protagonista in numerose scene: era un gatto dallo spirito indipendente e amante della libertà, il cui carattere rappresentava in qualche modo una metafora della personalità di Holly Golightly.

A proposito del gatto la protagonista del romanzo di Truman Capote afferma a un certo punto: "Non apparteniamo l'uno all'altra; lui è indipendente, come me".

Dopo questo successo Orangey ha girato ancora tre film. Nel corso delle riprese tuttavia, a volte aveva comportamenti poco protocollari: graffiava e mordeva i colleghi, e poteva accadere anche che sparisse dal set quando non aveva più voglia di girare. Questo significa che nonostante tutto, Orangey era rimasto un vero gatto.

# 76_Oscar (1)

*Sentire la morte*

Oscar è uno dei tanti gatti della Steere House di Providence, Rhode Island, negli Stati Uniti, un centro per la cura e l'assistenza dei malati di demenza. Qui si sperimenta quotidianamente la positiva interazione tra animali e pazienti. Nel 2007 Oscar, che all'epoca aveva due anni, è balzato agli onori della cronaca, dopo la pubblicazione di un articolo sul *New England Journal of Medicine* da parte del dottor David Dosa, uno dei medici dell'istituto. In esso Dosa riferiva dell'insolito comportamento del gatto: in genere piuttosto schivo nei confronti degli uomini, Oscar si accorge quando i malati terminali stanno per morire. Alcune ore prima, il micio tigrato grigio e bianco si avvicina al moribondo e rimane accanto a lui fino alla fine. Inizialmente nessuno ci aveva fatto caso. Solo quando il fenomeno è divenuto evidente, medici e infermieri hanno prestato maggiore attenzione, scoprendo così lo straordinario potenziale di questo felino. Oscar infatti consente al personale dell'istituto di avvisare per tempo parenti e amici del moribondo. Ormai gli infermieri si fidano ciecamente di lui e così in molti casi le famiglie sono riuscite a dare al malato l'estremo saluto.

Malgrado i pazienti in fin di vita non ne percepiscano più la presenza, l'animale esercita comunque un'influenza positiva nella stanza del moribondo. Il suono che Oscar emette ha un effetto rilassante su tutti gli altri presenti. Solo raramente alcuni parenti chiedono che venga allontanato.

I medici sono ancora in cerca di una spiegazione di questo singolare fenomeno, forse determinato dal particolare odore emanato da una metamorfosi del metabolismo del moribondo; forse, invece, sono la calma e la singolare atmosfera dell'ambiente ad attrarre il gatto al capezzale del moribondo.

Nel 2007 Oscar ha ricevuto un riconoscimento per l'opera misericordiosa che svolge presso il centro. L'attestato spicca nella sua cornice nell'atrio della Steer House.

# 77_Oscar (2)

*The Unsinkable Sam*

I superstiziosi sono convinti che i gatti neri portino sfortuna se attraversano la strada da sinistra a destra. Per i gatti delle navi queste regole non valgono: non importa quale sia il loro colore e poi sulle imbarcazioni esistono solo babordo e tribordo. In mare i gatti sono universalmente considerati dei portafortuna e per questo godono della speciale protezione dei marinai.

Si può dire però che la storia di Oscar rappresenti in qualche modo un'eccezione. Nelle drammatiche vicissitudini di cui fu protagonista, infatti, questo gatto che tra l'altro non era neanche nero, in realtà avrebbe portato fortuna solo a se stesso.

Nel maggio del 1941 la nave da guerra *Bismarck*, considerata all'epoca il pezzo forte della marina militare tedesca, era impegnata in attacchi contro le imbarcazioni canadesi e americane che provvedevano ai rifornimenti nelle acque dell'Atlantico settentrionale. Dopo tre giorni di aspri combattimenti con la marina britannica, intenzionata a impedire a tutti i costi qualsiasi interruzione delle linee dei rifornimenti, la *Bismarck* venne affondata. Solo pochi membri dell'equipaggio si salvarono e tra questi anche Oscar che le truppe inglesi accolsero a bordo del *HMS Cossack* ribattezzandolo subito "Unsinkable Sam". Ma Sam l'Inaffondabile non avrebbe portato fortuna neanche alla nuova bandiera sotto cui ora "militava". Di lì a cinque mesi, infatti, l'*HMS Cossack* venne attaccato e affondato da un U-Boot tedesco. Oscar/Sem fu tratto in salvo questa volta dalla portaerei *HMS Ark Royal*. Ma anche il nuovo "arruolamento" non sarebbe durato a lungo: solo tre settimane dopo, un siluro affondava anche la portaerei.

Oscar se la cavò per l'ennesima volta, ma i marinai decisero che non era più il caso di tenerlo più a bordo: troppe navi erano già affondate. Venne dunque fatto scendere a Gibilterra e dislocato a terra. Alla fine avrebbe concluso i suoi giorni in un ostello per marinai di Belfast.

# 78_Oswald

*Cat-in-residence*

Nel 2004 Oswald si è trasferito con la sua famiglia, i Clingan, in Albert Place 38, nella cittadina scozzese di Stirling. Nelle immediate vicinanze della nuova abitazione, a solo un numero civico di distanza, si trova la Stirling Smith Art Gallery e Oswald, che ha scoperto molto presto la sua passione per l'arte, si è proposto come *cat-in-residence* della galleria. All'epoca questo ruolo era tuttavia già occupato da Willow of Royal Gardens, una sorta di eminenza grigia che si affacciava regolarmente alla galleria e altrettanto regolarmente maltrattava Oswald.

Quest'ultimo però ha saputo gestire la situazione con abilità evitando, laddove possibile, lo scontro diretto; si è reso via via insostituibile agli occhi del personale e dei visitatori della galleria, offrendo a titolo gratuito un servizio di accoglienza agli avventori, che provvede a scortare lungo tutto il percorso della mostra.

Di sera segue con grande interesse gli eventi organizzati dalla galleria e ascolta le conferenze di archeologia, astronomia e filatelia, con una particolare predilezione per la Stirling Literary Society e il Dickens Book Group. Probabilmente è l'unico gatto cui sono stati letti tutti i romanzi di Dickens. Secondo la sua "portavoce", Elspeth King, Oswald testa regolarmente il sistema di allarme azionandolo nelle ore serali, attende lo staff e lo accompagna durante il giro di ispezione. Quanto al giardino, tiene a bada i conigli e collabora al disbrigo del lavoro di ufficio cliccando sul mouse con tocchi leggeri per spedire le mail, a volte anche quando sono scritte solo per metà.

Nel 2009 i Clingan hanno nuovamente traslocato e si sono portati via anche Oswald. Il gatto tuttavia non si è mai adattato alla nuova casa e così alla fine i suoi padroni hanno acconsentito che vivesse presso la galleria.

Oggi Oswald è un gatto felice e racconta su Facebook e Twitter del suo "lavoro" come *cat-in-residence* della Stirling Smith Art Gallery.

**Indirizzo** Stirling Smith Art Gallery and Museum, Dumbarton Road, Stirling FK8 2RQ, Scozia | **Orari** Mar-sab 10:30-17, dom 14-17.

# 79_Il padre di tutti i gatti

*Un po' lei lo attirava, un po' lui scese…*

Quando e come sia nata la relazione tra l'uomo e il gatto è un quesito a cui la scienza non è stata ancora in grado di rispondere in modo soddisfacente. Un dato tuttavia è certo: all'inizio ci furono i topi, i cereali e l'invenzione dell'agricoltura e come è noto, i roditori sono ghiotti di cereali e i gatti lo sono dei topi… e così probabilmente ha avuto inizio la nostra storia. Già al 9500 a.C. risalgono le prime testimonianze di convivenza tra uomini e gatti. Archeologi francesi hanno scoperto in una tomba cipriota un gatto e il suo padrone sepolti insieme.

Maggiori informazioni in merito ai modi di questa convivenza sono fornite dai ritrovamenti funebri di Quanhucun, un sito cinese dell'età neolitica. Qui, circa 5.500 anni fa, i gatti vivevano insieme agli uomini del periodo Yangshao che allevavano maiali, bachi da seta e coltivavano il miglio. Analizzando gli scheletri dei gatti, gli scienziati hanno scoperto isotopi di carbonio e di azoto il che significa che si nutrivano di miglio, dunque erano animali domestici perché, come è noto, il miglio non fa parte della normale dieta di un gatto selvatico. Inoltre, sempre dai ritrovamenti archeologici, emerge come i gatti non fossero semplicemente tollerati, ma accuditi con amore fino alla vecchiaia, come attesta la scoperta dello scheletro di un esemplare anziano.

L'archeologia purtroppo non ci fornisce dati sufficienti per comprendere come sia avvenuto il passaggio dal gatto selvatico al gatto domestico. Le ricerche condotte sul DNA tuttavia hanno consentito di individuare nel gatto selvatico africano il progenitore di tutti i gatti domestici, convinti a rimanere accanto all'uomo dalla prospettiva del lauto banchetto rappresentato dai roditori dei cereali.

Al di là di tutto, oggi come allora, il gatto rimane un animale indipendente e se nella relazione uomo/gatto uno dei due esercita una qualche forma di possesso sull'altro, questo non è certamente l'uomo.

**Un suggerimento** Ad Hacilar, in Turchia, sono state rinvenute statuette femminili risalenti a 7000 anni fa che stringono gatti tra le braccia.

# 80_Il padrino

*...un'offerta che non potrà rifiutare*

Molti gatti non hanno un nome e così sono destinati a rimanere per sempre. È il caso della gatta penetrata all'improvviso in uno studio cinematografico e saltata in grembo all'attore protagonista. La micia non aveva certo la minima idea che così facendo sarebbe entrata nella storia del cinema: era finita nientedimeno che sul set de *Il padrino* mentre si stava girando la scena iniziale del film.

Né tanto meno poteva immaginare che quell'uomo affabile, dalla voce calda e roca, fosse Marlon Brando in persona, che le accarezzava la pancia con tanta maestria da farle fare le fusa così sonoramente – si racconta – da rendere necessario il doppiaggio. Senza volerlo, la gatta ha finito per essere il coronamento perfetto della scena e in qualche modo ha aiutato Brando a conferire al suo personaggio quello spessore rimasto leggendario. La dolcezza con cui accarezza l'animale infatti crea un contrasto marcato con la freddezza con cui pronuncia la condanna a morte di un uomo.

Su come la gatta sia finita sul set esistono diverse versioni. Secondo alcuni Marlon Brando avrebbe scoperto la piccola randagia durante una passeggiata nei dintorni dello studio e questa poi l'avrebbe seguito.

Il produttore del film, il canadese Albert S. Rudy, racconta invece che la gatta si aggirava per lo studio a caccia di topi e Marlon Brando, vedendola, avrebbe avuto l'idea di inserirla nella scena. Il regista Francis Ford Coppola afferma invece di essere stato lui a intuire il potenziale cinematografico dell'animale: "Brando amava bambini e gatti. La gatta gli piaceva e lei si fidava di lui: perché non farla 'recitare'?".

A nostro avviso, la versione più probabile è che la gatta di studio abbia avuto improvvisamente voglia di carezze e sia saltata in braccio a Marlon Brando, senza curarsi di nulla e nessuno. Il fatto poi di essere finita sulla locandina del film le sarà importato tanto poco quanto i tre Oscar vinti dalla pellicola.

**Un suggerimento** "Ti presenti a casa mia il giorno che si marita mia figlia e mi vieni a chiedere un omicidio a pagamento… Ma che ti fici – Bonasera – che ti fici mai per meritare questa mancanza di rispetto." *Il padrino* (parte I, scena I), disponibile in DVD e Blu-ray (Paramount Pictures).

# 81 Pangur Bán

*Amici di scriptorium*

In fondo nessuno si è mai chiesto da dove venisse Pangur Bán. Probabilmente era spuntato un giorno all'improvviso nello scrittorio sgattaiolando tra le gambe dei monaci al lavoro e si era addormentato in prossimità del focolare, cullato dal rumore di fondo dello stilo che vergava i caratteri sulla pergamena e del crepitio del foglio. Forse qualcuno si era chinato ad accarezzare sulla schiena il micio bianco – da cui il nome di Pangur Bán – oppure gli aveva offerto una ciotola con del latte. Probabilmente i più non si erano neppure accorti della sua presenza, ma con uno di loro, di sicuro, era scattata la scintilla.

È grazie a questo monaco irlandese senza nome del IX secolo che siamo venuti a conoscenza dell'esistenza di Pangur Bán. Il gatto gli faceva compagnia durante le lunghe ore trascorse a copiare manoscritti; a quanto pare si piacevano a vicenda, tanto che il monaco ha dedicato una poesia al suo simpatico amico a quattro zampe. Sul retro di un foglio contentente una lettera di san Paolo apostolo viene raccontato in versi scritti in lingua gaelica di come entrambi compissero giorno dopo giorno il proprio lavoro, l'uno a caccia di parole, l'altro di topi. Concentrati nelle rispettive attività, felici quando qualcosa li distraeva e quando poi ritrovavano la tranquillità. Attraverso l'esercizio quotidiano Pangur Bán era diventato un abile cacciatore di topi, mentre il monaco aveva conquistato la sapienza e l'illuminazione. Il breve componimento ispirato dal gattino bianco è considerato oggi la più antica fonte per lo studio della lingua irlandese delle origini.

Messe ocus Pangur Bán, *Io e il mio gatto Pangur Bán*, cechtar nathar fria saindán: *ci dedichiamo a un lavoro simile:* bíth a menmasam fri seilgg, *lui per i topi è una minaccia,* mu menma céin im saincheirdd. [...] *io di parole vado a caccia.*

La sorte del monaco e del suo amico gatto rimane avvolta nella nebbia dei secoli passati.

Indirizzo Il manoscritto si trova oggi in possesso della fondazione benedettina di St. Paul di Lavanttal in Austria. Stiftsmuseum Benediktinerstift St. Paul, Hauptstraße 1, 9470 St. Paul in Lavanttal | Orari Maggio-ottobre 10-17 e su prenotazione.

# 82 Pelle Svanslös

*L'eroe nazionale svedese*

Se in Svezia chiedete a un qualsiasi passante chi sia Pelle Svanslös, subito un sorriso si disegnerà sul volto dell'intervistato, accompagnato da un'espressione di leggera malinconia e da un sospiro divertito. Pelle Svanslös è stato l'eroe nazionale di una generazione di bambini svedesi. Nel 1939 venne pubblicato il primo di quattordici libri che avevano per protagonista il gatto "senza coda" (questo il significato di "svanslös").

Nel corso degli anni sono usciti due film e soprattutto nuove edizioni a stampa corredate di disegni. Pelle e i suoi amici Maja Gräddnos, Thick Trisse e i gemelli Maj, Muff e Murre, nati dalla fantasia di Gösta Knutsson, erano stati inventati inizialmente per un programma radiofonico dedicato ai bambini. Poi, la loro crescente popolarità aveva spinto alla pubblicazione del primo libro *Pelle Svanslös på Äventyr* (*Le avventure di Pelle Svanslös*).

Ispirandosi a un gatto reale della propria infanzia, l'autore aveva immaginato Pelle come un micetto al quale un topo aveva morso la coda e che per questo veniva spesso deriso, soprattutto dal suo nemico Måns e dai suoi scagnozzi Bill e Bull. Dietro la figura di Måns non di rado si è voluto vedere un'allusione satirica a Hitler e al nazionalsocialismo che all'epoca si stava diffondendo anche in Svezia.

Le storie di Pelle Svanslös appaiono chiaramente orientate verso quei valori di uguaglianza e giustizia sociale profondamente radicati nel popolo svedese. Le avventure del gatto seguono sempre uno schema ricorrente: il cattivo cerca con trucchi e inganni di raggiungere il suo scopo e sembra inizialmente riuscirvi. Poi però alla fine giustizia e onestà trionfano immancabilmente. Forse è in questo racconto archetipico, ma accompagnato da disegni di gusto sempre più moderno, che risiede il segreto di un successo che dura da più di 75 anni.

O forse nel fatto che, al di là della sua bontà e del suo coraggio, Pelle è un tipo veramente simpatico!

# 83_Pepper

*La prima star del cinema*

A lui era dedicata la copertina dell'edizione di luglio del *Picture Show Magazine*. Correva l'anno 1913: gli attori affollavano gli studi, la gente si riversava a frotte nei cinema.

Diversamente da tanti suoi colleghi umani, si può dire che la carriera di Pepper nel mondo del cinema sia cominciata letteralmente dalla porta di servizio. Mack Sennett, proprietario dell'omonima casa di produzione cinematografica, aveva scoperto per caso la piccola palla di pelo grigio. Sbucato proprio al momento giusto tra le assi sconnesse del pavimento dello studio, il gatto aveva cominciato ad aggirarsi tra le gambe degli attori e Sennett, che non si tirava mai indietro di fronte agli imprevisti, aveva continuato a girare. Alla fine Pepper aveva messo a segno la sua prima prova d'attore, anche se sembrava che nella vita non avesse fatto altro che recitare.

Oggi sappiamo per certo dell'esistenza di 25 cortometraggi nei quali il gatto dà prova del suo talento. Nei sedici anni in cui collaborò con i Sennett Studios, il suo nome compare 17 volte sulle locandine dei film accanto a stelle del cinema del calibro di Charlie Chaplin. Al 1913 risale il suo primo ruolo da protagonista al fianco di Mabel Normand, Harold Lloyd e Teddy the Dog. Il cortometraggio s'intitolava *Little Hero* e qui Pepper recitava la parte di una piccola canaglia che attenta alla vita di un canarino in gabbia. La pellicola segna l'inizio di un lungo e felice sodalizio cinematografico con Teddy – i due avrebbero girato ben sette film insieme – che solo la morte del cane avrebbe interrotto.

Pepper era considerato molto abile e sapeva eseguire parecchi giochi di destrezza anche complessi. Durante le riprese di *Frederick the Mouse* dimostrò persino di saper reprimere il suo naturale istinto di cacciatore.

Pepper è morto nel 1928, poco prima dell'affermarsi del sonoro: ai suoi fan non rimane che immaginare con la fantasia quale fosse il suono delle sue fusa.

ET 140 6077
7
7a
8
8a
9
9a
ET 140 6077
10

# 84_Peter

*Un tuffo nella follia*

Peter era il gatto di Emily Richardson, moglie dell'artista Louis Wain. La donna aveva trovato il cucciolo bianco e nero in una notte piovosa: era stato amore a prima vista. Mrs Wain lo aveva preso con sé e da allora era stato la luce dei suoi occhi. In particolare quando la donna si era ammalata di tumore al seno la presenza dell'animale costituiva per lei un grande conforto e il marito cercava di rallegrare la moglie con divertenti ritratti di Peter in pose umanizzate.

I suoi disegni di gatti antropomorfi fecero presto il giro del mondo – grazie anche a riproduzioni su cartoline, riviste e giornali – e Wain divenne un artista celebre e richiesto. In molte delle sue prime opere è facile riconoscere l'adorabile Peter come modello.

Tutto cambiò quando la morte mise fine alle sofferenze di Emily, nel 1886. La perdita dell'amata consorte fu un trauma terribile per l'artista, che iniziò a scivolare lentamente nel tunnel della follia. Si ammalò di schizofrenia, una grave forma di disturbo mentale che provoca ossessioni, disturbi della sfera cognitiva e affettiva, allucinazioni.

Nei primi tempi della malattia, Wain continuò a dipingere concentrandosi però in maniera sempre più ossessiva sul gatto e tralasciando completamente lo sfondo in cui prima aveva collocato le sue composizioni. Cambiò il proprio stile: i colori divennero ora abbaglianti, il disegno dei peli dell'animale molto marcato e i contorni più scuri. Gli sfondi conobbero un'evoluzione verso l'arte psichedelica e astratta. L'avanzamento della malattia traspare in modo sempre più evidente dalle opere di Wain: linee spezzate in colori allucinati si dipartono come una raggiera dal corpo del gatto. Questo assume forme psichedeliche fino alla completa trasfigurazione in motivi puramente geometrici.

Louis Wain morì il 4 luglio del 1939. I suoi quadri di gatti continuano a esercitare ancora oggi un grande fascino e a essere oggetto di studi psichiatrici.

**Un suggerimento** "A (Peter) devo gli inizi della mia carriera artistica, i suoi sviluppi e il successo." – Louis Wain

# 85_Pikachu

*Viaggi a scopo benefico*

Pikachu è scomparso per ben due volte: la prima è rispuntato dopo quattordici giorni, la seconda ci è voluto molto di più, tanto che il suo padrone e compagno di viaggio Ted Brady aveva già perso la speranza di rivederlo vivo.

5 agosto 2013: già quasi un anno era trascorso dal primo grande viaggio attraverso gli Stati Uniti e il nuovo tour era solo agli inizi. Ted e Pikachu erano partiti da Bartlesville, loro città natale, in Oklahoma su una bicicletta con rimorchio. Scopo del viaggio era raccogliere fondi in favore dell'American Society for the Prevention of Cruelty to Animals e rafforzare la coscienza animalista delle persone. Ted non aveva programmato un itinerario preciso; lui e "Travelling Kitty" andavano dove venivano invitati, trovando alloggio presso famiglie ospitali o centri per la cura degli animali. La comunità sempre più ampia dei fan poteva seguire le varie tappe del loro viaggio su Facebook, Twitter, Instagram e naturalmente sulla pagina web appositamente creata allo scopo.

Quando nel dicembre del 2011 ad Albuquerque, nel Nuovo Messico, Pikachu non era più tornato da uno dei suoi giri esplorativi, l'allarme era stato subito diramato. Anche la televisione ne aveva parlato e alla fine le ricerche erano state coronate dal successo. Pikachu era stato ritrovato, dimagrito e un po' acciaccato, ma salvo, e i due avevano fatto ritorno in Oklahoma ad agosto del 2012.

Ma non avendo terra sotto i piedi, Ted e Pikachu sono ripartiti di nuovo. Questa volta però il tour non è cominciato sotto una buona stella. Pikachu è scomparso un'altra volta e le speranze di ritrovarlo vivo si sono fatte ogni giorno più flebili. Travelling Kitty tuttavia ha saputo fare onore al suo nome, e sei mesi dopo è rispuntato, per la gioia dei suoi fan, a Jackson Hole, nel Wyoming.

Ted e Pikachu ripartiranno di nuovo? Chi può dirlo, sicuramente questa volta Pikachu dovrà promettere di non andare più in giro da solo!

# 86_Pinkeltje

*Un gatto divenuto opera d'arte*

TINKEBELL ha deciso di pubblicare in un libro mille delle oltre 100.000 mail di minaccia ricevute specificando per ognuna nome, professione, provenienza e foto dell'autore. I mittenti, per lo più donne, dichiaravano di voler far del male o uccidere l'artista. Ma che cosa ha fatto questa olandese nata alla fine degli anni Settanta per meritarsi tanto odio?

La risposta è semplice: ha ucciso un animale e poi ha "lavorato" sul suo cadavere. Piccolo dettaglio però: TINKEBELL non fa la contadina né la macellaia, ma si guadagna da vivere come artista concettuale. E l'animale non era un maiale o un manzo, ma il suo gatto malato.

A proposito di Pinkeltje – questo era il nome del micio – non sappiamo molto a parte il fatto che l'artista l'aveva preso con sé quando già era avanti negli anni e molto malato, con un passato difficile alle spalle. Nel 2003, con la sua pelliccia, TINKEBELL ha realizzato una borsetta e l'ha esposta pubblicamente come fosse un'opera d'arte provocando un'ondata d'indignazione.

Ma era proprio questo che l'artista – che tra l'altro è una vegetariana convinta – voleva: richiamare l'attenzione sul rapporto tra l'uomo e i suoi animali. Nessuno si scandalizza per le cotolette, i polli, le bistecche venduti nei supermercati; tanti indossano capi in pelle e invece quando si parla degli animali domestici, allora li trattiamo quasi come esseri umani. Questa – ha dichiarato l'artista in un'intervista – è una "vera perversione".

Grazie alle "sue nuove spoglie" Pinkeltje ha conquistato una gloria postuma e in molti casi è riuscito a polarizzare l'attenzione della gente spingendola a riflettere sul suo rapporto con i cosiddetti animali domestici. Al di là delle mail di odio ricevuto, si sono accesi dibattiti sulle pagine culturali delle riviste e sono nati forum etici nei quali i consumatori sono stati resi consapevoli di quella mistificazione della realtà che domina il mercato della carne.

**Indirizzo** *My dearest cat Pinkeltje* (2003) TORCH Gallery, TINKEBELL, per gentile concessione della TORCH Gallery, Lauriergracht 94, 1016 EN Amsterdam, Olanda | **Orari** Gio-sab 12-18 e su appuntamento.

# 87_Purzel

*La seconda chance è spesso la migliore*

A volte la vita non comincia sotto una buona stella. Così è stato per Purzel che però ha avuto la fortuna di una seconda chance che lo ha ampiamente risarcito della partenza sfortunata.

Ma iniziamo dal principio. La padrona della madre di Purzel era una vecchia signora. Consapevole che a breve non si sarebbe più potuta occupare della sua adorata micetta, la donna, pur di non abbandonarla a un destino incerto, aveva cominciato ad avvelenarla. Per fortuna i vicini, capite le sue intenzioni, le avevano portato via la gatta affidandola a un gattile. La madre di Purzel, malgrado probabilmente avesse già assunto il veleno, è sopravvissuta ma per uno dei gattini che portava in grembo le conseguenze sono state pesanti. Purzel infatti è nato affetto da atassia cerebellare, una malattia che comporta diversi disturbi di coordinazione nell'esecuzione di normali movimenti.

L'atassia del cervelletto si manifesta in modo evidente quando i cuccioli cominciano a camminare. Infatti lo stazionamento e il movimento avviene nel loro caso a zampe divaricate, hanno movenze a scatto, la testa trema, incedono rigidi, e non agili e flessuosi come è tipico della loro specie. In passato, ma in molti casi ancora oggi, la diagnosi di atassia equivaleva a una sentenza di condanna a morte per i piccoli.

Così non è stato per Purzel, che nella disgrazia ha avuto la grande fortuna di trovare una famiglia nella quale può condurre una vita che non è poi molto diversa da quella dei suoi simili "normali". Non potendo saltare, è diventato un vero campione di arrampicata e riesce ad arrivare ovunque. Con il suo padrone ha sviluppato un autentico sentimento di solidarietà maschile, mentre come tutti i gatti ha un feeling speciale con la padrona. Purzel è un caso emblematico per quegli esemplari che ogni anno nascono affetti da atassia ed è la dimostrazione che la vita di un gatto con disabilità vale comunque la pena di essere vissuta.

# 88_Quarantaquattro gatti...

*in fila per sei col resto di due*

Da quando hanno vinto lo Zecchino d'oro nel 1968, i *Quarantaquattro gatti* sono entrati nel cuore e nella testa degli italiani. Dal bambino dell'asilo all'operaio del cantiere, sono 48 anni ormai che tutti canticchiano il celebre tormentone. Persino Mina, Adriano Celentano e Luciano Pavarotti hanno interpretato la famosa canzoncina.

Testo e musica dei *Quarantaquattro gatti* si devono al compositore modenese Giuseppe Casarini che inizialmente aveva pensato di dedicare la canzone a 44 topi; poi però la passione per i gatti e i ricordi divertenti legati al suo gatto Romeo gli avevano fatto preferire i felini. Il musicista conosceva tra l'altro alcune gattare romane amorevolmente dedite alla cura dei tanti randagi che vivevano fra le rovine nei dintorni di piazza Argentina.

Per prima cosa era nato il titolo *Quarantaquattro gatti*, ispirato, come raccontava Casarani in un'intervista, "al numero di anni che stavo per compiere"; poi in due settimane era stato composto il testo, e infine in un quarto d'ora la melodia.

Se qualcuno all'inizio della sua carriera di musicista gli avesse detto che avrebbe dovuto il suo successo ai gatti, Casarini non gli avrebbe di certo creduto. Virtuoso del piano, si era esibito in giro per il mondo, arrivando fino in India; tornato a Modena si guadagnava da vivere come insegnante di musica. Poi un giorno la decisione di partecipare allo Zecchino d'oro: aveva buttato giù *Quarantaquattro gatti* e l'aveva fatta ascoltare a sua moglie... che l'aveva preso per matto. Come si sbagliava!

Barbara Ferigo, che aveva allora quattro anni, insieme ai compagni del coro fece breccia nel cuore dei giurati del festival con le sue codine graziose, lo sguardo concentrato e il sorriso adorabile.

Giuseppe (Pippo) Casarini, compositore e musicista jazz, autore di oltre 500 brani famosi, è morto nel 2015 all'età di 91 anni, orgoglioso di aver creato una canzoncina dedicata a 44 gatti che tutti amano e nessuno dimenticherà mai.

iOne

# 89_Rafiki

*Storia di gatti e di donne*

I gatti sono creature indipendenti; probabilmente è stato così fin dall'inizio dei tempi. Come sia potuta nascere la strana coppia uomo/gatto è ancora oggi un mistero, ma una spiegazione molto plausibile per chi conosce bene i gatti la offre un'antica favola proveniente dall'Africa, patria del progenitore della stirpe felina.

Tanto tempo fa, una gatta vagava per la savana in cerca di cibo e riparo per la notte. La sua non era una vita facile e infatti pensava tra sé quanto sarebbe stato bello avere un amico potente. La lepre fu la sua prima compagna, ma un brutto giorno, lottando con un cervo, rimase uccisa.

La gatta allora fece amicizia con il cervo che la chiamò Rafiki, amica appunto, e i due rimasero insieme fin quando il nuovo compagno non fu ucciso da un leopardo. Mentre questi si apprestava a divorare la preda, un leone balzò fuori e lo scacciò a suon di zampate. Rafiki allora decise di rimanere accanto al leone, convinta di aver trovato finalmente l'amico e protettore più forte che potesse sperare.

Un giorno però i due s'imbatterono in un branco di elefanti; Rafiki si mise in salvo su un albero, ma il leone rimase schiacciato. Allora la gatta rifletté: "Non esiste animale più grande e forte di un elefante. Con lui sarò al sicuro".

Non aveva ancora finito di formulare questo pensiero che l'elefante stramazzò a terra colpito dalla freccia avvelenata di un cacciatore. La gatta allora si disse: "Questo bipede non sembra tanto forte, eppure ha ucciso l'elefante. Proverò a fare amicizia con lui". Così lo seguì con passo felpato fino a casa. Mentre se ne stava fuori esitante, d'improvviso vide il cacciatore uscire di casa correndo inseguito dalla moglie che brandiva un mestolo.

"Finalmente ho trovato la più forte di tutte le creature viventi, capace di mettere fuori gioco persino il potente cacciatore di elefanti. Me la farò amica".

Così entrò in cucina e si accoccolò accanto al fuoco.

# 90_Room 8

*Il gatto scolaro*

È un giorno di scuola del 1952 quando un gattino magro, pezzato, di colore grigio entra da una finestra aperta dell'Elysian Heights Elementary School di Los Angeles. Sgattaiola nell'aula della sesta classe e si va ad accucciare sulla cattedra. I bambini esultano, gli insegnanti un po' meno. Decidono di dare al gatto una tazza di latte e di lasciarlo tranquillo a riposare. Quando la classe rientra dall'intervallo trova i cestini delle merende aperti e svuotati. Ma così come è venuto il gatto è scomparso e nessuno pensa di rivederlo mai più.

Ma si sbagliano! E non tarderanno ad accorgersene. L'indomani e per i successivi quattordici anni Room 8 – come lo avevano battezzato i bambini – sarebbe tornato a far visita ogni giorno alla scuola. Dove trascorresse la notte o i periodi di vacanza degli alunni, nessuno lo ha mai saputo. Di certo si faceva ritrovare ogni volta, puntuale, davanti al portone il primo giorno di scuola.

Room 8 aveva adottato la scuola elementare che, a sua volta, lo considerava la sua mascotte, amato e coccolato indifferentemente da allievi e insegnanti tanto che oramai l'incarico più ambito dai bambini non era più quello di capoclasse ma quello di provvedere al cibo per Room 8. Si era dovuto infatti istituire questo "ufficio" dopo che tutti davano da mangiare indiscriminatamente al gatto con la conseguenza che questi ingrassava a vista d'occhio. Si era stabilito pertanto che da quel momento in poi l'animale sarebbe stato nutrito nella sala professori sotto la sorveglianza dei docenti, per il suo bene e quello dei bambini.

Nel 1962 Room 8 salì alla ribalta della cronaca prima locale e poi nazionale, tanto da diventare il gatto più famoso d'America. Riceveva lettere dai fan, gli furono dedicati un libro e dei programmi televisivi.

Room 8 è morto il 13 agosto del 1968 alla veneranda età di 22 anni, dopo aver allietato con la sua compagnia le ore scolastiche di tantissimi bambini.

# 91_Rosie

*Che corre con gli husky*

Tenere amicizie tra cani e gatti non sono poi così rare come in genere si pensa e non è detto che la proverbiale ostilità tra le due specie debba essere la norma. Ma un cane che si crede un gatto, o viceversa, beh... questo sì è piuttosto insolito. Eppure è il caso di Rosie.

Un collega delle sue future padrone, le tre sorelle californiane Thi, Thoa e Tram Bui, aveva trovato Rosie abbandonata in un cespuglio, in condizioni decisamente critiche: era in uno stato catatonico, profondamente prostrata tanto da far dubitare che sarebbe sopravvissuta. Di fronte a una situazione così disperata le sorelle ebbero l'idea di tentare un esperimento. Avevano portato Rosie da Lilo, una dei loro tre husky e... il miracolo era accaduto. Lilo aveva considerato immediatamente la gattina come uno dei suoi cuccioli e, malgrado non fosse mai rimasta incinta, l'aveva allattata. Le condizioni di Rosie erano migliorate in breve tempo e le due da allora sono diventate inseparabili.

Lilo si è comportata come una perfetta madre adottiva, piena di attenzioni verso il suo "cucciolo". Non appena Rosie è cresciuta abbastanza, ha ricevuto il suo guinzaglio per poter andare a passeggio con tutto il piccolo branco. Sebbene di dimensioni assai inferiori rispetto ai cani, cerca di stare al passo con loro. Si azzuffano e giocano insieme.

La gatta si cimenta in prove di agilità e addirittura surfa con Lilo dentro la piscina... alla faccia della proverbiale paura dei gatti per l'acqua! Eppure avrebbe davanti agli occhi i modelli "giusti" da seguire, ma Sparky, Misty e Mickey, gli altri tre gatti della casa, non la interessano. La verità è che... Rosie in fondo è un husky.

Da quando le sue padrone hanno pubblicato sul profilo Instagram @lilothehusky le immagini di Rosie e Lilo, la schiera dei fan della gattina è cresciuta giorno dopo giorno. Non è da escludere che a breve vedremo anche una clip in cui Rosie abbaia per la prima volta... Wau.

# 92 La Sfinge

*Quando un indovinello può costare la vita*

I suoi genitori erano un cane a due teste e una creatura per metà donna e per metà serpente. C'era poi una folta schiera di fratelli che definire curiosi è dire poco.

Idra aveva mostruose teste di serpente che ricrescevano non appena venivano tagliate; Chimera sputava fuoco dalle sue tre teste rispettivamente di leone, di capra e di serpente. Cerbero, il cane a tre teste con il corpo ricoperto di serpenti anziché di peli, per le sue doti – e probabilmente anche per il suo aspetto – faceva la guardia alle porte degli inferi, mentre il fratello minore Ortro, cane bicefalo con la coda di serpente, aveva un compito un po' meno impegnativo: custodire le mandrie di Gerione. L'impresa gli era riuscita piuttosto bene finché all'orizzonte non era apparso un eroe greco di nome Ercole. Il sesto fratello di questa curiosa famiglia era il leone Nemeo, mostro invulnerabile con artigli e zampe duri come metallo. Nel suo caso i rapporti di parentela erano un po' più confusi. Secondo alcuni era caduto sulla terra dalla luna ma si sa… le malelingue non mancano mai. La stessa Sfinge non era certo un tipetto simpatico, altro che tenero micione tutto fusa e coccole! Proprio per questo Era, regina degli dei e moglie di Zeus, l'aveva scelta per punire Tebe. Accovacciato sul monte Ficio, il temibile mostro lasciava passare solo i tebani che avessero risolto l'enigma che la creatura fantastica sottoponeva loro. In caso di risposta sbagliata le vittime venivano strangolate e divorate.

Edipo era stato l'unico a sciogliere l'indovinello. L'essere che da piccolo cammina a quattro zampe, da adulto a due e da vecchio a tre, per via del bastone, altri non era che l'uomo. La Sfinge, sconfitta dall'intelligenza dell'eroe, per la rabbia si era suicidata gettandosi da una rupe.

Edipo sarebbe divenuto così re di Tebe e avrebbe sposato senza saperlo sua madre. Con il senno di poi forse avrebbe preferito essere divorato dalla Sfinge…

Un suggerimento "Esiste qualcosa sulla terra che ha due piedi, quattro piedi e tre piedi e ha una sola voce, è l'unico, tra coloro che si muovono sulla terra, in cielo e nel mare a cambiare la propria natura, ma quando per camminare usa più piedi la sua velocità in proporzione diminuisce." – *I dipnosofisti*, Ateneo di Naucrati

# 93 La signorina Sinner

*L'eterna studentessa*

Dal 2002 frequenta diligentemente lezioni e seminari, partecipa con assiduità a gruppi di lavoro e progetti di ricerca. L'ambito dei suoi interessi spazia dalla pedagogia, alla biologia, alle scienze politiche e a quelle della comunicazione. Probabilmente è la gatta più colta del mondo, o quanto meno l'unica che possa vantare un curriculum universitario.

La signorina Sinner, così chiamata dal nome della sua salvatrice Monika Sinner, impiegata dell'amministrazione all'Università di Hildesheim, è stata trovata in prossimità dei condotti per l'areazione dove aveva cercato riparo dal gelo invernale. Dopo aver curato la gattina, ferita e denutrita, Monika ha cercato di sistemarla presso una famiglia o un gattile. Ma qualsiasi tentativo si era rivelato inutile: ogni volta la signorina Sinner tornava presso la sede universitaria e ribadiva a suon di zampate il suo diritto a rimanere là.

Morale della favola: oggi la gatta è l'orgogliosa proprietaria di una comoda poltrona dalla fodera blu sistemata davanti all'aula 3 e di altre cucce confortevoli, tutte dotate di morbidi scialli e coperte di lana. Di lei si occupa, a turno, un gruppo di ricercatori davanti ai cui uffici, non a caso, la signorina Sinner ama stazionare mollemente adagiata su un tappeto.

La studentessa a quattro zampe ha anche influenzato il piano di studi dell'università dove è stato organizzato un seminario sulla "Pedagogia della pet therapy" finalizzato allo studio dei modi in cui l'interazione con gli animali può avere risvolti positivi in asili, scuole e altre istituzioni destinate ai giovani.

Quando la signorina Sinner vuole prendersi una pausa dall'intensa vita universitaria e respirare una boccata d'aria fresca, attende con pazienza davanti all'entrata che uno studente o un impiegato gentilmente le apra la porta e la lasci uscire, proprio come si fa con una vecchia e rispettabile signora. Chissà che un giorno non riceva una laurea *ad honorem*...

Un suggerimento La signorina Sinner "frequenta" l'Università di Hildesheim insieme a circa 6.500 studenti, 80 professori, 430 ricercatori e 210 impiegati. Quanto a carezze, ha l'imbarazzo della scelta! www.uni-hildesheim.de

# 94_Simba

*Il musical del* Re leone

*Nants ingonyama bagithi Baba / Sithi uhm ingonyama...* (Ecco che arriva un leone, padre / Oh sì, è proprio un leone!).

È questo il grido iniziale della canzone *Il cerchio della vita* che subito risuona oggi nell'orecchio di ognuno quando pensa alla storia di Simba, il Re leone.

Simba è "nato" nel 1989 quando la Disney cominciò a maturare l'idea di un film ambientato in Africa con un leone come protagonista principale. Inizialmente si era pensato a un titolo come *Simba* che in swahili significa appunto "leone". Dopo innumerevoli rielaborazioni si è arrivati al *Re leone*, la pellicola di animazione di maggior successo al mondo dal 1994 a oggi, la cui colonna sonora è stata composta da Hans Zimmer. Successivamente, ispirandosi al film della Disney, Elton John e Tim Rice hanno realizzato l'omonimo musical.

Già la prima del musical, svoltasi il 31 luglio del 1997 a Minneapolis, fu un grande successo e lo spettacolo, insignito di innumerevoli premi e riconoscimenti, continua ancora oggi a essere rappresentato nei teatri stabili di Stati Uniti, Inghilterra e Germania, come anche in tournée che interessano numerosi paesi. Oltre all'inserimento di nuove canzoni e scene, rispetto al film, il musical si avvale anche di una suggestiva coreografia. Julie Taymor, cui si devono i costumi, ha vinto nel 1998 il Tony Award.

Quella del *Re leone* è la classica storia di un eroe, il giovane leone Simba, figlio di un re, che deve affrontare tante avventure e nemici, ma soprattutto misurarsi con se stesso, prima di poter occupare il proprio posto nel grande cerchio della vita e indossare la corona. I disegnatori dei cartoni e successivamente anche gli attori del musical hanno osservato i leoni nella foresta e negli zoo per apprenderne i movimenti e i comportamenti. È grazie alle loro capacità e alla loro arte se questo gattone nato dalla fantasia degli autori Disney, dopo ventidue anni, non ha ancora perso un grammo del suo fascino.

**Indirizzo** *Il re leone* – Il musical, Stage Theater im Hafen am Aida-Musical-Boulevard, Rohrweg 13, 20457 Amburgo, Spettacoli quotidiani eccetto il lunedì. www.stage-entertainment.de

# 95 Simon

*L'eroe del fiume Azzurro*

La battaglia della sua vita Simon la combatté sul fiume Azzurro contro Mao Tse-tung: veloce, spietato, implacabile, nonostante la grave ferita riportata durante un attacco sferrato dall'armata rossa cinese contro la sua nave. Per questo, primo e finora unico gatto, venne insignito della Dickin Medal.

Simon era nato nel 1947 a Stonecutter Island, Hong Kong, in un cantiere navale e da lì, agli inizi del 1948, il marinaio George Hickingbottom l'aveva imbarcato sulla nave da guerra inglese *Amethyst*.

Il 20 aprile del 1949, a 100 miglia marine dalla foce del fiume Azzurro, l'Amethyst venne attaccata. Venticinque uomini persero la vita e molti furono gravemente feriti. Tra questi anche Simon, che inizialmente si era nascosto e venne ritrovato solo alcuni giorni dopo. Una scheggia gli aveva sfiorato il cuore ma l'animale, con grande sollievo dell'equipaggio, sopravvisse e riprese il suo lavoro: dare la caccia ai topi e ai ratti. La nave infatti era bloccata in porto e schiere di ratti, attratti dalle derrate nelle stive, si riversavano sull'imbarcazione dalla terraferma.

I marinai avevano battezzato Mao Tse-tung un ratto gigantesco che ogni notte con il suo "esercito" infestava il deposito delle scorte alimentari. Gli uomini dell'equipaggio avevano cercato inutilmente loro stessi di uccidere l'animale, temendo che lo scontro con il ratto potesse rivelarsi fatale per Simon. Ma Simon non si tirò indietro e sconfisse il nemico conquistando l'onore sul campo. La fama dell'eroico gatto superò quella della nave una volta liberata. Nell'agosto del 1949 l'organizzazione animalista People's Dispensary for Sick Animals premiò Simon con la Dickin Medal. Ma il gatto moriva la notte del 28 novembre del 1949, prima di poter ricevere il riconoscimento.

La sua bara fu avvolta nell'Union Jack e sepolta presso il cimitero degli animali nel quartiere di Ilford a Londra. La sua tomba, con tanto di lapide, è visibile ancora oggi.

# 96 La Sinfonia dei gatti

*La più bella strimpellata del mondo*

In passato, quando si volevano denunciare problemi sociali o fenomeni di malcostume uno dei mezzi più utilizzati era la "strimpellata", una composizione musicale stonata accompagnata da strumenti improvvisati.

In ambito tedesco, nei primi secoli del Medioevo si ricorreva alla strimpellate per stigmatizzare episodi di adulterio, comportamenti scorretti da parte dei membri di una corporazione, seconde nozze contratte troppo presto dopo la morte del coniuge. Successivamente questa forma di espressione fece la sua comparsa anche nelle manifestazioni carnevalesche.

Durante la rivoluzione tedesca del 1848, la strimpellata si diffuse nelle grandi città come forma di protesta politica, perseguibile addirittura penalmente. Il fenomeno dilagò anche a Vienna ma in questo caso il dissenso espresso attraverso la strimpellata fu di natura musicale e non politica. Nel 1866 il pittore e disegnatore austriaco Moritz von Schwind (1804-1871) donava una strimpellata (dal titolo *Sinfonia dei gatti*) all'amico József Joachim, violinista, compositore e direttore d'orchestra ungherese, appena designato alla guida dell'Accademia musicale di Berlino. Poiché il virtuoso del violino era un noto oppositore del "partito progressista" di Liszt, Schwind vide nella sua nomina una vittoria sulle idee dei "neotedeschi". Con pungente ironia si prese gioco di queste ultime: "[…] e non vogliono ancora gettarsi tra le braccia della poesia del futuro, l'unica ancora di salvezza. […] Basta con la vecchia, rigida e arida notazione musicale, c'è bisogno di un mezzo espressivo dirompente, vitale, pieno d'ispirazione per le mie idee progressiste e innovative, che si tratti di suoni, immagini o il diavolo sa cosa, poco importa […]". La strimpellata di von Schwind non risparmiava una stoccata neanche alle idee wagneriane sull' "opera d'arte del futuro".

Per inciso, va detto che il talentuoso József Joachim non poté suonare il pezzo con il suo violino.

Violino
Allegretto
3/4
Crescendo.
Andante
dolce
Smorzando.
ff.
8
Finale
12/8
p.
ff.

# 97_Snowball 1

*Il gatto di Hemingway*

Quali straordinarie avventure avesse vissuto in alto mare prima di entrare nella vita di Hemingway lo possiamo solo immaginare. Quel che è certo è che il felino bianco latte venne donato allo scrittore nel 1930 dal capitano di una nave. I gatti, che per gli uomini di mare sono un portafortuna, per Hemingway furono la passione di una vita. Non poteva vivere senza di loro.

Tra l'altro, a rendere speciale il micio non era solo il suo passato ma anche una particolarità fisica. I gatti hanno in genere quattro dita nelle zampe posteriori e cinque in quelle anteriori. Snowball invece sulle zampe davanti ne aveva sei, una mutazione genetica che scientificamente si definisce polidattilia. Trasferitosi con lo scrittore nella tenuta di Key West, Snowball provvide diligentemente a riprodursi diffondendo questa anomalia genetica.

Nel caso della polidattilia, infatti, basta che uno dei due genitori sia portatore del gene incriminato per riscontrare questa particolarità fisica anche nella prole. Così non sorprende che ancora oggi, a distanza di anni dalla morte di Snowball, quasi tutti i 60 gatti che vivono nella casa-museo dello scrittore abbiano sei dita, motivo per cui negli Stati Uniti questo tipo di gatto è chiamato "gatto di Hemingway".

A Key West gli animali conducono una vita beata, accuditi dal personale del museo e nutriti con cibo biologico. Tutto ciò per la gioia dei visitatori, in genere appassionati di letteratura ma anche amici dei gatti. Nascosto nel fitto della boscaglia tropicale, sul retro della casa, si trova un cimitero dedicato ai felini, con tanto di lapidi commemorative.

La maggioranza dei mici che vivono a Key West sono castrati per evitare un'eccessiva diffusione della polidattilia; solo alcuni possono riprodursi e così di tanto in tanto tra gli inquilini della tenuta si trova un esemplare bianco latte che ricorda nei tratti del volto, pardon!, nelle zampe il più celebre antenato.

**Indirizzo** The Ernest Hemingway Home & Museum, 907 Whitehead Street, Key West, FL 33040, USA | **Orari** Il museo è aperto tutti i giorni 9-17. Le visite guidate hanno luogo ogni 30 minuti. www.hemingwayhome.com

# 98_Snowball 2

*Il primo caso di veterinaria forense*

Il cadavere di una donna, una giacca di pelle, un ex marito sospettato che se la ride sotto i baffi: gli ingredienti ci sono tutti per un vero giallo che non si sarebbe mai potuto risolvere senza l'aiuto di un gatto.

Ma procediamo con ordine.

È il 1994: la polizia canadese rinviene il cadavere di una donna sepolto frettolosamente nel terreno, insieme a una busta di plastica e a una giacca di pelle sporca di sangue. Le tracce ematiche sono riconducibili esclusivamente alla morta: Shirley Duguay.

Ulteriori indagini portano a sospettare dell'ex marito Douglas Beamish, che vive con i suoi genitori nelle vicinanze del luogo del ritrovamento del cadavere. Ma la polizia inizialmente non ha in mano alcuna prova inoppugnabile per poterlo incriminare finché… nella fodera della giacca di pelle non viene trovato un pelo bianco. Forse appartiene a quel gatto che vive con Douglas e i suoi genitori? Snowball, questo il nome del micio, viene sottoposto ad analisi del sangue. Si spera con l'ausilio dell'esame del DNA di ottenere la prova che il pelo sia del gatto dei Beamish. A questo punto infatti il collegamento con il sospettato diventerebbe incontestabile.

Ma questo tipo di indagini non era mai stato eseguito prima di allora. Dopo intense ricerche si è riusciti in ultimo a reperire un team di scienziati disposto ad approntare una mappatura genetica del gatto e alla fine è emerso che il DNA del pelo trovato corrispondeva perfettamente al profilo genetico di Snowball. Ecco la prova inoppugnabile! Grazie a questa Beamish è stato incriminato per omicidio e condannato. Sull'onda del successo ottenuto si sono scoperte le potenzialità della scienza forense applicata agli animali. Attualmente esistono banche dati relative al patrimonio genetico di diverse specie che costituiscono una base di partenza importante per il lavoro degli inquirenti. E tutto questo grazie a Snowball, il primo caso di veterinaria forense.

**Un suggerimento** Risale al 2002 il primo caso di omicidio risolto in gran parte mediate l'esame del DNA del pelo di un cane. L'assassino della piccola Danielle van Dam poté essere catturato grazie al ritrovamento sul suo abito di peli del Weimaraner di Danielle.

# 99_Spot

*Ditegli che è un gatto carino e bravo*

I gatti sono onnipresenti, nessuno può dubitarne, neppure gli inventori del mondo di Star Trek, nato dalla fantasia di Gene Roddenberry. Nelle varie serie televisive e nelle pellicole cinematografiche l'equipaggio dell'astronave che parte per lo spazio in cerca di nuovi mondi ancora inesplorati, lo fa naturalmente con tanto di gatto a bordo.

Dall'anno 2364 Spot vive sull'*Enterprise*, la nave spaziale guidata dal capitano Jean-Luc Picard. Ha scelto come suo padrone Data, il primo e unico androide dell'equipaggio. Al principio viene scambiata erroneamente per un gatto maschio. In più di dieci episodi della serie Spot ha un ruolo sempre più rilevante fino ad arrivare a *Genesis*, episodio 19 della settima stagione, in cui è addirittura la protagonista principale. Rimasta incinta durante un giro di ricognizione contrae anche lei, insieme a tutto l'equipaggio, un'infezione dovuta a una T-cellula sintetica che causa negli esseri viventi colpiti una "devoluzione". Spot si è trasformata pertanto in un'iguana, ma la sua cucciolata è rimasta immune alla malattia e questo consente a Data e Picard di sviluppare un antidoto per salvare chi ha contratto l'infezione. Data accudisce con amore la sua gatta e se deve lasciare l'astronave, l'affida ogni volta a un "cat-sitter" cui dà precise istruzioni. Scrive persino un'*Ode a Spot* la cui lettura suscita reazioni contrastanti tra i membri nell'equipaggio.

Nel film *Star Trek – Generazioni* si racconta la collisione dell'*Enterprise* sul pianeta Veridian III nell'anno 2371. Spot si salva, stretto tra le braccia di Data in lacrime, al cui fianco rimarrà fino alla morte di quest'ultimo nel 2379.

Nel corso degli anni il ruolo di Spot è stato interpretato da sei diversi gatti tigrati rossi, tra loro molto somiglianti, che erano stati sottoposti a un addestramento speciale. Brent Spiner, l'attore che impersona Data, ha confessato in seguito di non amare affatto i gatti!

**Un suggerimento** "Trovo così intriganti le tue subvocali oscillazioni, le tue armoniose esigenti comunicazioni, che si accompagnano alla tua edonistica necessità di essere accarezzato con affetto, simpatia e voluttà" (II strofa, *Ode a Spot* da TNG: Sonni pericolosi)

# 100_Suki

*Agility dog... per gatti*

Chi sostiene che l'agility dog, uno sport nato in Inghilterra e molto apprezzato, sia roba solo da cani, si sbaglia di grosso e sicuramente non conosce Suki una gattina originaria della graziosa cittadina di Choceň nella repubblica ceca. Insieme alla sua addestratrice di diciassette anni, Suki dimostra a tutti gli scettici di che cosa siano capaci i gatti se solo lo vogliono...

La gattina tartarugata, nata il 16 agosto del 2012, ha cominciato l'addestramento quando aveva tre mesi. Oggi si destreggia come un turbine tra tunnel, scale, slalom, pneumatici e salta con slancio ostacoli ad altezza di ginocchio.

Tutto questo si confà alla natura esuberante di Suki che anche quando non si allena è in eterno movimento. Ama stare all'aria aperta, arrampicarsi sugli alberi ed è una cacciatrice instancabile. Inoltre, stando alla sua addestratrice, ha un appetito formidabile, è affettuosa e coccolona. Ha un'attrazione particolare per i lobi delle orecchie con orecchini e a volte è quasi impossibile arginare le sue manifestazioni di affetto.

Obiettivo dell'agility dog classico è riuscire a completare senza errori un percorso a ostacoli in un tempo prestabilito. Il tracciato prevede fino a 20 tipi differenti di ostacoli e l'addestratrice sceglie per Suki ostacoli di altezza adeguata. La tecnica di base è sempre la stessa. Durante l'esecuzione dell'esercizio l'addestratrice e la gatta si mantengono in contatto visivo, la prima comunica alla seconda, tramite rapidi gesti, dove deve correre e che cosa deve fare esattamente. Alla fine l'animale riceve come premio un bocconcino prelibato.

Tempo fa è sembrato che i successi iniziali di Suki fossero destinati a non durare a lungo. A otto mesi la gatta è stata castrata e il suo carattere sembrava cambiato. Tuttavia dopo un po' Suki ha recuperato la forma e soprattutto la voglia di allenarsi. Sono cose che capitano nell'agility dog... a cani e gatti indifferentemente.

# 101 Tama

*La capostazione*

Ai funerali del gatto più famoso del Giappone, nel giugno del 2015, sono intervenute più di tremila persone e la notizia della sua morte è rimbalzata alla televisione e sulla stampa internazionale.

Negli otto anni di servizio come capostazione, la sedicenne Tama non solo ha consentito la sopravvivenza della piccola stazione di Kishigawa, ma grazie al suo atteggiamento affabile nei riguardi dei viaggiatori è divenuta una vera star.

Tama era entrata in servizio nel 2007, in un momento in cui la situazione finanziaria della linea ferroviaria di Kishigawa sembrava tutt'altro che rosea. Fino ad allora Tama aveva condotto una normale vita da gatto accanto al suo padrone, Toshiko Koyama, proprietario di un negozio di generi alimentari e capostazione della tranquilla Kishigawa.

Ma con l'entrata in servizio di Tama, le cose sono cambiate di colpo. Fin dal primo giorno di lavoro la gatta ha accolto con tanto di cappellino i viaggiatori all'ingresso della stazione facendosi fotografare con loro. Di giorno in giorno è cresciuta la sua fama anche perché in Giappone i gatti tartarugati – Mi-Ke 三毛 – sono considerati dei portafortuna.

Sempre più viaggiatori sceglievano di passare per Kishigawa per vedere Tama, tanto che già dopo il primo anno d'impiego della gatta, la crisi è apparsa uno spauracchio lontano. Ora si contano in un anno fino a due milioni di passeggeri. Nel 2010 la stazione è stata sottoposta a un radicale intervento di ristrutturazione. È stato realizzato un tetto a forma di testa di gatto, il negozio di Toshiko Koyama è stato rimodernato e accanto si è aperto un punto vendita di souvenir dedicati a Tama. La gatta è stata promossa più volte, da ultimo nel 2013 è avvenuta la nomina a vice-presidente della compagnia ferroviaria. Nel 2012 è stato messo alle sue dipendenze un "impiegato", Nitama, perché imparasse il mestiere. Dopo la morte nel 2015, Tama è stata innalzata a divinità-gatto con tanto di tempietto.

Un suggerimento È possibile incontrare Nitama lun, mar, ven 10-16 alla stazione di Idakiso, sab e dom 10-16 alla stazione di Kishi. Per maggiori informazioni: www.wakayamakanko.com.

# 102 Tibbles

*Il gatto che sterminò un'intera specie*

I gatti, si sa, cacciano topi, ratti, ma anche uccellini. E questo è motivo di rammarico per tutti gli amanti degli animali, compresi i padroni dei gatti, ma nella maggioranza dei casi non ci sono conseguenze rilevanti per l'ecosistema. A meno che non ci si trovi su una piccola isola di pochi chilometri quadrati davanti alle coste settentrionali della Nuova Zelanda.

Qui vivevano un tempo gli scriccioli di Stephen Island. Questi uccelli canterini si trovavano a occupare una particolare nicchia ecologica che in altri ecosistemi era abitata dai topi.

Gli scriccioli di Stephens Island erano gli ultimi esemplari rimasti di una specie che sulla terraferma era stata ormai sterminata.

In questo caso la colpa non era stata dei gatti, ma dei ratti portati dai naviganti che avevano fatto razzia di questi uccelli incapaci di volare.

Fino al 1894 gli scriccioli avevano trovato a Stephens Island un habitat naturale perfetto. Poi però era stato costruito un faro e la pace era finita con l'arrivo del guardiano e del suo gatto Tibbles.

Come era prevedibile, Tibbles non ci aveva messo molto a scoprire gli scriccioli: gli dava la caccia, li acciuffava e li uccideva letteralmente "a ogni piè sospinto" considerato che questi poveri volatili nidificano a terra.

A volte, in un eccesso di zelo, portava anche le vittime come trofei al suo padrone. La scienza si era cominciata interessare agli scriccioli per via del loro meraviglioso aspetto.

Nel 1895 la specie era stata battezzata con il nome latino di Xenicus lyalli, ma solo poco tempo dopo già veniva data come estinta grazie anche al contributo significativo di Tibbles.

Solo nel 2004 il gatto è stato parzialmente riabilitato. Secondo due scienziati infatti lo sterminio degli scriccioli si sarebbe verificato comunque nell'arco di tre anni, anche senza l'intervento di Tibbles. Il gatto avrebbe solo accelerato il processo.

Un suggerimento Stephens Island si trova nei Marlborough Sounds davanti alla Nuova Zelanda ed è difficilmente raggiungibile a causa dei forti venti. Oggi qui vivono specie rare come il tuatara e la rana di Hamilton. È da ritenere che l'attuale guardiano del faro abbia dovuto fare a meno del gatto.

# 103_Tiger

*Gatto e topo… e FBI*

Per anni James Bulger è stato tra i criminali più ricercati d'America. Dopo la morte di Osama bin Laden è finito persino in vetta alla top ten. Riciclaggio di denaro sporco, bancarotta, estorsione e organizzazione di gioco illegale d'azzardo: questi i capi d'imputazione a suo carico. Durante l'esilio cubano acquistava e rivendeva cocaina e armi. Più di diciannove omicidi pendevano a suo carico quando finalmente nel 2011 si è riusciti a catturarlo. All'epoca Bulger era ormai ultraottantenne e da sedici anni viveva in clandestinità con la sua compagna.

L'FBI, per la quale Bulger aveva lavorato in passato come informatore, gli stava dando la caccia in tutto il mondo: America, Canada, Uruguay, Gran Bretagna, Costa Rica. Ma Bulger era sempre più veloce dei suoi inseguitori.

Finché un bel giorno non è entrato in scena un eroe a quattro zampe. Senza uniforme, né pistola ha avuto comunque un ruolo decisivo nella cattura dell'imprendibile criminale. Parliamo di Tiger, un banalissimo randagio.

Tiger vagabondava senza fissa dimora per le strade di Santa Monica sempre in cerca di cibo e di un po' di affetto. Un giorno incontra una vecchia signora gentile di nome Heather Fein. Ogni mattina e ogni sera la donna gli lascia una ciotola con del cibo davanti alla porta di casa, puntuale come piace ai gatti. Tiger diventa lo spunto per una chiacchierata tra la signora Fein e la vicina di casa, Anna Bjornsdottir, colpita dall'amore con cui la prima si prende cura del randagio. Come spesso accade, l'animale fa scattare l'amicizia tra le due. Il marito della signora Fein però, che tra l'altro non ama i gatti, non vede per niente di buon occhio questo rapporto. E i fatti finiscono per dargli ragione. Il 21 giugno del 2011 alla televisione viene diramato un nuovo appello per la cattura di James Bulger e della sua compagna. Heather Fein riconosce subito nella foto della ricercata il volto della sua vicina e ne informa l'FBI.

Un suggerimento Alla vita di James Bulger è ispirato il film *The Departed – Il bene e il male* (2006) con Jack Nicholson nel ruolo di Frank Costello e la regia di Martin Scorsese.

# 104_Tomba

*Il richiamo della montagna*

Reinhold Messner, Francesco Petrarca, Edward Whymper, Hans Meyer e Tomba: cinque uomini e una passione in comune, quella per la montagna. Anzi per essere più precisi, quattro uomini e... un gatto. Eh sì! Tomba è un gatto, ma questo non gli ha impedito di raggiungere le vette più alte.

Tomba nasce il 7 agosto del 1988 presso l'albergo Schwarenbach tra le montagne della Svizzera. I proprietari della struttura decidono di chiamarlo come il grande sciatore Alberto Tomba.

Non appena si sente sicuro sulle sue zampe, nulla trattiene più il gattino, che parte per la sua prima spedizione sullo Spittelhorn. A pochi mesi si unisce a una scolaresca e insieme ai bambini scala il Wyssi Flue... con grande preoccupazione della proprietaria dello Schwarenbach, in ansia per il suo cucciolo che è costretta ad andare a recuperare più di una volta. Quando uno scalatore le racconta che Tomba lo ha seguito fin sulla vetta del Rinderhorn (3.453 metri) la donna capisce che il gatto avverte dentro di sé l'irresistibile richiamo della montagna. Per lui scalare è come fare un salto per un gatto normale. Quanto all'attrezzatura di sicurezza, non c'è nulla di cui preoccuparsi perché di fatto la natura lo ha già fornito di ramponi.

Le avventure si susseguono e spesso il gatto piazza il suo campo base ai margini del ghiacciaio in attesa del prossimo scalatore.

La fama della passione di Tomba per la montagna supera ben presto i confini del suo paese. In Giappone un libro sull'alpinismo gli dedica ben due pagine, riviste europee parlano di lui e finisce al centro di un reportage realizzato dalla televisione svizzera. La sua fama sfiora la leggenda quando blocca una coppia di alpinisti dietro un grande masso salvandoli così da una slavina.

Il 17 gennaio del 1993, quando aveva solo quattro anni e mezzo, è stato necessario sopprimere Tomba perché ammalatosi del cosiddetto Aids dei gatti, una sindrome da immunodeficienza incurabile (FIV).

**Un suggerimento** La vecchia casa di Tomba è ancora oggi un buon punto di partenza per le escursioni in alta montagna: Hotel Schwarenbach, famiglia Stoller-Wehrli, 3718 Kandersteg, Svizzera.

# 105_Tommasino

*Da randagio a milionario*

Difficile dire se la vecchia signora che aveva raccolto il gatto randagio e ne aveva fatto il suo pupillo, al momento di dare un nome all'animale avesse avuto una reminiscenza cinematografica. Forse il vagabondo dal pelo nero le aveva fatto pensare a Don Tommasino, l'amico di vecchia data di Vito Corleone che compare in tutti e tre i film del *Padrino*?

Non è dato saperlo né ora né mai, visto che la signora Maria Assunta ha portato il segreto con sé nella tomba. La donna è morta nel 2011 all'età di 94 anni lasciando un patrimonio immenso: una villa spettacolare, appartamenti a Roma e a Milano, ricchi conti bancari, pacchetti azionari e terreni in Calabria. Essendo sola e senza parenti però, indovinate chi ha deciso di designare come erede universale? Il suo gatto naturalmente. E così in un attimo Tommasino il randagio è diventato il gatto da dieci milioni di euro.

Un momento però... è vero che in Italia molto è permesso ma non tutto. E qui, è proprio il caso di dire, gatta ci cova. Secondo il diritto italiano infatti, gli animali, e Tommasino lo è a tutti gli effetti, non possono ereditare a nessun titolo.

La signora Maria Assunta, tuttavia, era a conoscenza di questo cavillo e come probabilmente le era già accaduto altre volte in passato, aveva preso le dovute contromisure.

Nelle sue intenzioni un'organizzazione a scopo benefico, di quelle che si occupano della cura degli animali al posto dei loro padroni deceduti, avrebbe ricevuto in eredità il patrimonio. Si era rivolta pertanto a uno studio legale perché si occupasse della faccenda. Molte associazioni si sono fatte avanti, ma i requisiti richiesti sono rigorosi. Finché non si trova l'ente giusto, a gestire il gatto ereditiere è l'ex infermiera della signora Maria Assunta, del tutto ignara della fortuna che ha sotto il naso. Quanto a Tommasino, al micio bastano una ciotola di latte, un posto confortevole sotto il sole di Roma e i suoi bocconcini preferiti.

# 106_ Towser

*Towser lo sterminatore*

28.899 topi uccisi: un risultato di cui andare fieri. Se dividiamo questa cifra per il numero di anni – circa 24 – vissuti da Towser viene fuori una media di 3,3 topi al giorno. Un vero record per il quale il micio tartarugato a pelo lungo ha meritato il titolo di "gatto più solerte di tutti i tempi", mentre *Animal Planet* lo annovera tra i nove felini più sanguinari.

Certo bisogna dire che Towser si trovava nelle condizioni ideali per questo exploit. Il suo terreno di caccia è stato infatti fino alla morte, il 20 marzo del 1987, la distilleria Glenturret, la più antica fabbrica di produzione di whisky della Scozia. Towser era nato qui tra le bottiglie di distillati ed era entrato in "servizio" giovanissimo.

Le immense scorte di frumento di una distilleria, ingrediente fondamentale per la fabbricazione del whisky, rappresentano di solito per i topi una specie di cuccagna. Tuttavia, l'istinto predatorio di Towser aveva trasformato in un vero inferno quella che per i topi della Glenturret poteva essere una terra di bengodi. Il numero di trofei di caccia del gatto era talmente superiore alla norma da lasciare di stucco anche il personale della fabbrica.

Il mastro distillatore decise di registrare in un libro le imprese di Towser, annotando il numero di topi uccisi senza contare ratti e altri animali alla cui eliminazione il gatto comunque provvedeva diligentemente.

Sono ormai trascorsi 10.000 anni da quando i primi gatti hanno trovato asilo presso gli uomini facendo da guardiani ai granai. Anzi sarebbe più esatto dire che l'uomo ha cercato con latte e leccornie di convincere queste creature preziose a restargli accanto. E ancora oggi i gatti delle tradizionali distillerie britanniche continuano a svolgere questo ancestrale compito con onore.

Dopo la sua morte, davanti alla distilleria Glenturret è stato innalzato un monumento in onore di Towser, che racconta al pubblico stupito il lavoro di tutta una vita.

Indirizzo The Glenturret Distillery, The Hosh, Crieff PA7 4HA, Regno Unito, http://experience.thefamousgrouse.com | Un suggerimento I gatti da distilleria non sono molto diffusi in Germania dove, presso le fabbriche più antiche, sono i cani a svolgere questo compito.

# 107_Trim

*Circumnavigando l'Australia e il mondo*

Oltre a essere nato effettivamente su una nave, l'*HMS Reliance*, nel 1799, Trim era sicuramente tagliato per i viaggi in mare. Svariati tentativi di farne un gatto di terra erano miseramente naufragati. Del resto, considerato che il suo padrone era l'esploratore inglese Matthew Flinders, cos'altro poteva fare?

Flinders apprezzava molto Trim e gli dedicò persino un libro, *A Biographical Tribute to the Memory of Trim*. Il testo, di cui per lungo tempo non si erano avute più notizie, è stato riscoperto per caso all'inizio degli anni Settanta presso il National Maritime Museum di Londra e pubblicato tre anni dopo. In questo "omaggio" Flinders racconta quale fosse la vita di un gatto da nave ed esprime il suo affetto per Trim.

Trim era nero con i calzini bianchi, aveva una stella bianca sul petto e il labbro inferiore sempre bianco. Era prestante e questo gli tornava utile non solo per racimolare il cibo dalla tavola dei marinai, ma addirittura per afferrarlo dalle loro posate. La struttura imponente non era comunque un ostacolo quando si trattava di salire sulle sartie e spesso era il primo ad arrivare in cima. Va da sé che fosse anche un eccellente cacciatore di topi.

A partire dal 1801, insieme a Flinders, Trim navigò a bordo dell'*Investigator* lungo le coste meridionali dell'Australia fino alla baia di Encounter. Poi i due si spinsero fino alla costa orientale e a quella settentrionale. Grazie alla scoperta dello stretto a nord dell'isola Principe di Galles, Flinders e Trim furono i primi a circumnavigare l'Australia.

Dopo questo successo, la fortuna girò loro le spalle. Durante il viaggio di ritorno in Inghilterra fecero naufragio e Flinders, sospettato di spionaggio, venne tenuto prigioniero alle isole Mauritius. Di Trim si persero invece le tracce malgrado le ricerche intensive e la promessa di una ricompensa. Flinders gli dedicò un necrologio e il gatto continuò a essere nei suoi pensieri fino all'ultimo.

# 108 Trixie

*Un ritratto come ringraziamento*

La storia insegna che a mettersi contro i potenti di questo mondo in genere si finisce male. Henry Wriothesley, terzo conte di Southampton, aveva deciso di fare la guerra a un osso particolarmente duro: d'accordo con il conte di Essex voleva rovesciare la regina Elisabetta I d'Inghilterra! Ma presto si accorse di aver commesso l'errore più grande della sua vita e venne condannato a morte. Poco prima dell'esecuzione della sentenza, tuttavia, la sovrana lo graziò commutando la pena nel carcere a vita presso la Torre di Londra.

Nel 1601 aveva inizio la prigionia di Wriothesley. Si racconta allora che il suo gatto Trixie, dalla residenza cittadina del conte a Southampton, avrebbe attraversato i tetti di Londra per andare a trovare il suo padrone in cella e fargli compagnia.

Più realistica appare la versione secondo cui la moglie di Wriothesley avrebbe portato di nascosto il gatto nella cella perché il marito potesse godere della compagnia dell'animale durante le ore interminabili della prigionia e non rischiasse d'impazzire per la solitudine.

Trixie e Wriothesley rimasero in carcere fino al 1603, anno della morte di Elisabetta I e dell'ascesa al trono d'Inghilterra di Giacomo I di Scozia. Il nuovo sovrano concesse a Wriothesley la grazia, restituendogli il titolo e le cariche. Per ringraziare Trixie della fedeltà di cui aveva dato prova, il conte commissionò al pittore John de Critz il Vecchio di eseguire un ritratto di sé e del proprio gatto insieme.

Wriothesley continuò a essere un cultore delle arti per il resto della sua vita, come già lo era stato prima della prigionia. Tra l'altro fu il mecenate di William Shakespeare. Inoltre, in qualità di direttore della Virginia Company, contribuì allo sviluppo dell'omonima colonia americana.

Chissà se le cose sarebbero andate così se il fedele Trixie non avesse rallegrato con la sua presenza il conte nei duri anni trascorsi rinchiuso tra le mura della Torre di Londra.

# 109_Vasja

*Il custode dei tesori d'arte*

A causa delle finanze dello Stato dissanguate dalla guerra, Federico il Grande era stato costretto a rinunciare all'acquisto di 225 dipinti. Un pessimo affare per il commerciante d'arte berlinese Johann Ernst Gotzkowsky se Caterina II la Grande, zarina di Russia, non avesse deciso di subentrare al posto del regale collega acquistando i quadri per farne il primo nucleo della sua collezione personale. L'anno seguente l'imperatrice mise a segno un altro colpo magistrale comprando i tesori della pinacoteca del conte Brühl per 25.000 talleri in meno del loro valore stimato. Mille opere d'arte presero dunque la via di San Pietroburgo per essere esposte nella residenza della sovrana.

Prima ancora tuttavia che i dipinti giungessero a destinazione, l'imperatrice si era premurata di reclutare i futuri custodi diramando, nel 1747, l'ordine di condurre a palazzo gatti domestici con l'istinto dei cacciatori. I servitori ubbidirono e così una schiera di gatti blu di Russia provenienti dal Kazan', tra cui Vasja, fece la sua comparsa tra i saloni dell'Ermitage.

Nel corso dei decenni e dei secoli successivi i gatti dell'Ermitage hanno vissuto sulla propria pelle le alterne e spesso tristi vicende dell'impero russo. Alla fine della Seconda guerra mondiale, tutti i dipinti della collezione degli zar furono trasferiti, insieme ai gatti, negli Urali. Qui la popolazione afflitta dalla fame mangiava tutto ciò che sembrava commestibile e così, nell'arco di pochi anni, degli antichi guardiani dell'Ermitage non ne era sopravvissuto neppure uno.

Oggi i gatti sono ritornati all'Ermitage e dal 1995, grazie all'iniziativa "Un rublo per un gatto", vengono raccolti fondi per il loro mantenimento. Nelle cantine del palazzo si trovano tiragraffi e coperte di lana poggiate sui tubi del riscaldamento.

Come racconta un artista ospite del museo i gatti sono "l'anima dell'edificio". E il vecchio Vasja che fine avrà fatto? Anche lui è lì naturalmente!

**Indirizzo** Museo dell'Ermitage, piazza del Palazzo 2, San Pietroburgo, Russia, 190000

# 110_Williamina

*La gatta e il blocco dello scrittore*

"Una volta stavo di casa con un pasticcere, un uomo molto per bene e anche bravo che non c'era il compagno; vi faceva pasticci da ogni sorta di cose.'Quanti gatti che avete signor Brooks!' Dico io quando facemmo un po' di amicizia".

Nel primo libro pubblicato da Charles Dickens sotto forma di romanzo in venti puntate, dal marzo del 1836 all'ottobre del 1837, compaiono alcuni gatti cui tocca l'assai triste destino di finire in un paté. Malgrado il dettaglio poco appetitoso, il *Circolo Pickwick* avrebbe decretato la fama di Dickens come romanziere di prima grandezza. Se poi il libro sia stato anche all'origine del singolare comportamento dei gatti di casa Dickens, inconsciamente desiderosi di vendicarsi della fine ingloriosa toccata loro nel romanzo, è un'ipotesi quanto meno suggestiva.

Nei loro ricordi del padre, Mary e Charlie Dickens raccontano tra l'altro di Williamina, dono di un amico londinese a Mary. La gatta bianca come la neve nutriva una predilezione particolare per il padrone di casa di cui ricercava di continuo la vicinanza. Quando una volta ebbe dei cuccioli, pensò bene di sistemarli nello studio dello scrittore. Accorgendosi che lo sguardo estasiato con cui la micia lo fissava finiva per distrarlo dal suo lavoro, Charles Dickens pregò la figlia di portare fuori i gattini. Williamina però non si scompose e si ripresentò di nuovo nello studio con i suoi piccoli.

Allora Dickens rinnovò la preghiera alla figlia... ma ancora una volta Williamina non si arrese e al terzo tentativo depose direttamente i cuccioli ai piedi dello scrittore guardandolo con occhi imploranti: aveva vinto! Da quel momento ai gattini fu permesso tutto: arrampicarsi su tende e scaffali, sgattaiolare tra i piedi dello scrittore finché alcune settimane più tardi non venne trovata loro una nuova sistemazione.

Chissà quante storie appassionanti e divertenti non sono state scritte per colpa di Williamina e dei suoi cuccioli!

**Un suggerimento** Un gattino della cucciolata rimase a casa Dickens e divenne il fedele compagno del romanziere. Per reclamare la sua attenzione spegneva con la zampa la candela che illuminava il suo scrittoio.

# 111_Per concludere…

*I miei gatti*

Ognuno di loro è stato ed è fantastico, unico, fenomenale, nonché straordinariamente dotato, intelligente e oltremodo amabile. Chiunque dei miei gatti se ne sia andato, ha lasciato un grande dolore e un vuoto immenso nel mio cuore.

Ci si potrebbero scrivere libri sopra. E in effetti a uno dei miei mici mi sono ispirata per creare il personaggio di Hermann, il gatto della mia commissaria dell'Eifel Ina Weinz. Anche Herr Hoppenstedt di *Kraut und Rübchen* ha un corrispettivo nella vita reale.

Tra l'altro proprio i miei micetti sono stati motivo e fonte di ispirazione per i *111 gatti* e dunque meritano assolutamente un posto in questo libro:

*Jessy (1989–2002) e Charlie (1990–2003)*

Queste due sorelle persiane sono state le "prime". Hanno allietato i miei anni di studio e con grande pazienza hanno affrontato ben sei traslochi. L'unica cosa che non sopportavano assolutamente era farsi spazzolare e questo determinava sistematicamente azioni di forza sul bordo della vasca dalle quali uscivamo tutti – bagno compreso – estremamente provati.

*Heini (1992–2010)*

L'ho trovato un giorno insieme ai suoi due fratelli in un cespuglio dietro la finestra del salotto. Era minuscolo, con gli occhi ancora chiusi. Quando un paio di ore dopo un mio vicino ha scoperto che la madre era stata investita, ho deciso di tenerli tutti e tre. Otto ed Ernst hanno trovato delle famiglie meravigliose, Heini è rimasto con me… per diciannove splendidi anni.

*Kimmi (1996–2012)*

Avrebbe dovuto essere una nuova compagna di giochi per Heini, ma erano come il giorno e la notte. Così Kimmi se ne stava esclusivamente fuori, nella sua casetta personale, pattugliando il territorio e non volendo rinunciare neppure a un briciolo della sua libertà.

Charly

Heini

Jessy

Kimmie

Hermine

Jones

Herr Bert

Kai-Günther

Steffi

Herbert

*Herbert (*2012)*
Durante il viaggio dal gattile a casa sbavava e puzzava così tanto che credevo di aver in macchina una puzzola e non un gatto. Ma presto con i suoi modi adorabili Herbert ha fugato ogni dubbio. Sicuramente però da allora non ha più messo piede in macchina.

*Herr Bert (2012–2013)*
Compagno ideale di Herbert non si tirava mai indietro, neppure davanti a comandi che di solito si danno ai cani, del tipo "prendi il bastoncino" o "seduto, a terra". Su nostro ordine andava a dare la sveglia ai ragazzi e sapeva usare l'interruttore della luce. Sono convinta che prima o poi avrebbe imparato anche ad aprire lo sportello del frigorifero. Purtroppo non ne ha avuto il tempo, perché a soli 17 mesi si è ammalato di FIP.

*Hermine (*2012)*
La regina. La principessa. La bella. La diva. Nessun altro gatto poteva starle accanto né fuori, né tanto meno dentro casa. Ci abbiamo messo un po' prima di decidere di trovarle un posto da regina, unica e sola. Oggi Hermine è felice… e anche noi.

*Steffi (*2013) e Jones (2013–2015)*
Arrivati nell'inverno del 2013 dovevano restare da me solo sei settimane e invece non ho avuto il coraggio di ridarli indietro. Steffi, dalla piccola palla di pelo che era, è diventata una splendida gatta con una sua personalità. Quanto a Jones il suo indomabile spirito di avventura gli è stato fatale prima ancora che compisse due anni.

*Kai-Günther (*2015)*
Decimo della lista e "rosso" come il mio primo gatto. Vedremo come diventerà e quali sorprese ha in serbo per noi. Per il momento una cosa è certa: è il più affamato di tutti.

*Crediti*

Acater – iStockphoto.com/gric

Ahmedabad – Foto: Nadine Buranaseda; gatto: Curasue, per gentile concessione

Aoshima – Foto: Franziska Emons, per gentile concessione

Armellino – Dipinto: Giovanni Reder; olio su tela, 1750

Asilo "Il gatto" – Foto: Stadt Karlsruhe, per gentile concessione

Azraël – ©Peyo 2015 – Licensed through I.M.P.S. (Bruxelles), www.smurf.com

Bastet – Disegno: Olivia Ozelton; layout: Nina Schäfer, per gentile concessione; sfondo: shutterstock.com/M. Unal Ozmen, shutterstock.com/ARCHITECTEUR

Blau Miau – Sculture e foto: Carin Grudda, www.carin-grudda.de, per gentile concessione

Bob il randagio – Foto: © Magnus Skaarup; gatto: Bob (con James Bowen), per gentile concessione

Bygul e Trjegul – Fotolia.com/rook76

Un caffè al Cat Café – shutterstock.com/trubavin

Cat Café – Foto: Francesco Demichelis; Romeow Cat Bistro, www.romeowcatbistro.com, per gentile concessione

Cat o'nine tails – Foto: Adolf Loeser / Original 1. Kölner Piraten, 1968 k.e.V., per gentile concessione

Catwoman – Fotolia.com/konradbak

CC – Copy Cat – Foto: Larry Wadsworth; gatto: CC-Copy Cat, per gentile concessione della Texas A&M University

Chat Noir – Immagine: Theophile-Alexandre Steinlen 1859–1923; *Tournee du chat Noir de Rudolphe Salis* (prima versione), Francia 1896, Charles Vernaux, Parigi; litografia a colori 138 x 99,5 cm; DPM 8015 © Museum Folkwang Essen – ARTOTHEK, per gentile concessione

Chico – Foto: famiglia Hofbauer; gatto: Chico, per gentile concessione

Choupette Lagerfeld – Fotolia.com/grafikplusfoto

Il commissario Mazan – shutterstock.com/Olga Selyutina

Delilah – Foto: anonimo; gatto: Delilah, malgrado accurate ricerche non si e riusciti a risalire all'autore della foto. Preghiamo quest'ultimo eventualmente di contattare la casa editrice. Sfondo: depositphoto.com/tomert

Dewey Readmore Books – Foto: © Vicki Myron; gatto: Dewey, per gentile concessione

Dinah – Foto: Gisela Balzer; gatto: Moritz, per gentile concessione

Duetto buffo di due gatti – Foto: Toni Schrottner; gatti: Mina e Momo/ Marianne Schwimmbecken; www.schroettner-eventfotografie.de, per gentile concessione

El gato muerto – Foto: Matthias Rethmann, gatto: Iljano; tierphoto-nrw, Munster; www.tierphoto-nrw.de, per gentile concessione

Emil, il gatto rosso – Foto: Irene Grill; gatto: Emil; www.facebook.com/ EmilDerRoteKater

Emissary Cats – Scultura: Laura Ford, *Emissary Cat*, 2013, bronzo fuso, ex.1/2, 225 x 90 x 300 cm; Installazione presso il monastero di Eberbach, 2014; Immagini per gentile concessione della Galerie Scheffel, Bad Homburg, e dell'artista

Félicette – mauritius images/United Archives

Felis – Illustrazione: Johann Elert Bode, *Uranographia sive astrorum descriptio*, (1801), particolare della tavola XIX

Felix – Foto: Tierschutzverein fur Berlin (TVB); www.tierschutz-berlin.de, per gentile concessione

Felix il gatto pioniere – Disegno: Joachim Nusser, pubblicato il 4 agosto 1957, p. 12; per gentile concessione della Leipziger Verlags und Druckereigesellschaft mbH & Co. KG, Lipsia

Felix the Cat – picture-alliance / Mary Evans Picture Library

Findus – Foto: Markus Gertz; gatto: Findus, per gentile concessione

Fritz – Foto: Helge Schneider; gatto: Fritz; copertina del CD *Helge Schneider & Hardcore: Katzeklo und extra für dich: mit dem Auto durch "Flora und Fauna"*, 1993, per gentile concessione

Garfield – © 2016 PAWS, INCORPORATED. ALL RIGHTS RESERVED. "GARFIELD" and the "GARFIELD Charakters" are trademarks of Paws, inc.

La gatta di Petrarca – shutterstock.com/neftali

La gatta magica – Wendy Auras – Wendylicious FotoArt; gatto: Leon, per gentile concessione

I gatti di Newton – Foto: Elvira Kuhl; gatto: anonimo, per gentile concessione

Gatti in cifre – Disegno: Olivia Ozelton, per gentile concessione

I gattistregati del Medioevo – Foto: Elke Pistor; gatto: Herbert

Il gatto con gli stivali – Illustrazione: Carl Offterdinger (1829–1889)

Il gatto di Schrödinger – Foto: Bernd Diehl; gatto: Leonardo, per gentile concessione

Il gatto selvatico europeo – Foto: Helmut Grabe; per gentile concessione del Nationalpark Eifel, 53937 Schneiden; www.nationalpark-eifel.de

La giornata mondiale dei gatti – Foto: Silke Falkus; gatto: Jasper; www.facebook.com/thethree.cats, per gentile concessione

Ghignagatto – mauritius images/United Archives

Hodge – Foto per gentile concessione della Dr. Johnson's House, Londra; www.drjohnsonshouse.org, per gentile concessione

La Jaguar – mauritius images/Alamy

Jellylorum – Foto: Andreas Mally; gatto: Timi3; www.facebook.com/timithecat, per gentile concessione

Jock I – in alto: Jock I; in basso: Jock VI, per gentile concessione del National Trust, Gran Bretagna; http://www.nationaltrust.org.uk/chartwell

John Doe – Foto: Argentina Roman Cat Sanctuary, www.romancats.com, per gentile concessione

Jones – Foto: Petra Busch; gatto: Merlin, per gentile concessione

Kaspar – Foto: The Savoy, Londra; http://www.fairmont.de/savoy-london, per gentile concessione

Kiddo – Foto: (1910) George Grantham Bain (1865–1944)

Kitler-Cats – Foto: Elke Pistor; gatto: Steffi

Kuching – Foto: Sabine Wolff, per gentile concessione

Lämmchen – Foto: Archivio privato degli amici della razza german rex, Ilona Janicke, per gentile concessione. Sfondo: depositphoto.com/Jim_Filim, depositphoto.com/natalia_vlasova

Larry – picture alliance/dpa/Facundo Arrizabalaga

Linguaggio felino – Ute Diegel; gatto: Monsieur Mustache

Maneki-neko – Foto: Olivia Ozelton, per gentile concessione

Maru – © mugumogu; http://sisinmaru.blog17.fc2.com, per gentile concessione

Matilda – © The Algonquin Hotel Time Square, New York, per gentile concessione

Max 1 – Foto: Silvie Reithmeier; gatto: Max, per gentile concessione

Max 2 – Foto: Dorte Schneider; gatto: Max; gatto in feltro: Trixi Geng, per gentile concessione

Mikesch – © Augsburger Puppenkiste, per gentile concessione

Minneke Poes – © Stad Ieper; http://www.toerismeieper.be/de/event/389/katzenumzug.html, per gentile concessione

Momo & Mogli – Foto: Andreas Freundorfer; gatti: Momo e Mogli; per gentile concessione del PI ED 4 – reparti a cavallo, Monaco

Mr Lee – Foto: Jürgen Perthold; gatto: Mr Lee, per gentile concessione

Mrs Chippy – Foto: Frank Hurley, *Mrs Chippy e Perce Blackborow* (1915)

Muezza – Foto: Iris Brucker; gatto: Nanju; www.cocoundnanju.de, per gentile concessione

Muschi (& Mäuschen) – La gatta che si credeva un orso – Foto: Zoo di Berlino, per gentile concessione

Myobu Omoto – La quinta dama di corte dell'imperatore – Foto: Sandra Ilgaz; gatto: Mia; www.mia-fotos.de, per gentile concessione

Mysouff – Fedelta felina – Foto: Matthias Rethmann, tierphoto-nrw, Münster; www.tierphoto-nrw.de, per gentile concessione

Natalie: dietro le sbarre – Gatti in galera – picture alliance/ ASSOCIATED PRESS/Rick Bowmer

Nedjem – Il primo gatto con un nome – Foto: Kathrin Konopka; gatto: Jade; www.kath-fotografie.com, per gentile concessione

Nora – Foto: © Burnell Yow! gatto: Nora, per gentile concessione

Orangey – © 2015 Parmount Pictures. All Rights Reserved, per gentile concessione

Oscar (1) – picture alliance/ASSOCIATED PRESS/STEW MILNE

Oscar (2) – Foto: Stine Satke; gatto: Pünktchen; www.facebook.com/ Stines-Lichtsicht-1613159808935427/ per gentile concessione

Oswald – Foto per gentile concessione della Smith Art Gallery and Museum, Stirling, Scozia; www.smithartgalleryandmuseum.co.uk/

Il padre di tutti i gatti – Foto: Petra Busch; gatto: Fuchur

Il padrino – © 2015 Paramount Pictures. All Rights Reserved, per gentile concessione

Pangur Bán – Fotolia.com/Alexey Teterin

Pelle Svanslös – Foto: mauritius images/Alamy, Foto di copertina: Rodney Burton, per gentile concessione

Pepper – Foto: Georg Nicols (1913); sfondo: shutterstock.com/Ensuper, shutterstock.com/Denys Po

Peter – Dipinto: Louis Wain (1860–1939)

Pikachu – Foto: Ted Brady; gatto: Pikachu; http://www.thetravelingkitty.com, per gentile concessione

Pinkeltje – Foto: *Il mio caro gatto Pinkeltje* (2003). By TINKEBELL, per gentile concessione della TORCHGallery, Amsterdam, www.tinkebell.com, per gentile concessione

Purzel – Foto: Jasmin Fernbach; gatto: Purzel, per gentile concessione

Quarantaquattro gatti… – Foto: Björn Frenzel, gattini: Bengalen of Jagadamba – Macario Mitschke, per gentile concessione

Rafiki – Foto: Petra Sebald; gatto: Wutz, per gentile concessione

Room 8 – Foto: anonimo, 1950 ca.; gatto: Room 8. Sfondo: shutterstock.com/Mliberra. Malgrado le accurate ricerche non si e potuto risalire all'autore della foto. Preghiamo quest'ultimo di contattare eventualmente la casa editrice.

Rosie – cLilothehusky; www.instagram.com/lilothehusky/?hl=de, per gentile concessione

La Sfinge – Fotolia.com/Panos

La signorina Sinner – Foto: Isa Lange; gatto: Fräulein Sinner, per gentile concessione della Stiftung Universität Hildesheim

Simba – © Stage Entertainment, per gentile concessione

Simon – Foto: anonimo (1948 circa); gatto: Simon – sfondo: depositphoto.com/seregam

La Sinfonia dei gatti – La strimpellata – Moritz von Schwind, *Die Katzensymphonie* –

Snowball 1 – Foto: Simon Schlerf; gatto: tenuta di Hemingway, per gentile concessione

Snowball 2 – Fotolia.com/DragoNika

Spot – Fotolia.com/Anastasiya Berezyuk

Suki – Foto: Michaela Taflova: gatto: Suki, per gentile concessione

Tama – picture alliance/Kyodo

Tibbles – Foto: Karin Post; gatto: Fritz, per gentile concessione

Tiger – Foto: Bernd Diehl; gatto: Leonardo, per gentile concessione

Tomba – Foto: famiglia Stoller; gatto: Tomba, per gentile concessione

Tommasino – Foto: Jasmin Margraf; gatto: Harald, per gentile concessione

Towser – © The Famous Grouse Experience; www.thefamousgrouseexperience.com, per gentile concessione

Trim – Foto: Rodney Burton, Inghilterra, per gentile concessione

Trixie – Henry Wriothesley, III conte di Southampton, 1603, attribuito a John de Critz

Vasja – © Ermitage San Pietroburgo; www.hermitagemuseum.org, per gentile concessione

Williamina – Foto: Barbara Rutten; gatto: Pepe, per gentile concessione

Per concludere… – Tutte le foto: Elke Pistor/Layout: Nina Schäfer

## *Ringraziamenti*

Malgrado sul frontespizio del libro compaia il mio nome, da sola non avrei mai potuto realizzare questo progetto (con finalità benefiche). Pertanto un ringraziamento speciale va a chi, donando le immagini, ha reso possibile tutto ciò:

Argentina Roman Cat Sanctuary, Teatro dei burattini di Augusta, Wendy Auras – Wendylicious Foto Art, Gisela Balzer, James Bowen, Ted Brady, Iris Brucker, Nadine Buranaseda, Rodney Burton, Petra Busch, Jim Davis, Francesco Demichelis, Ute Diegel, Bernd Diehl, dottor Johnson's House, Museo dell'Ermitage San Pietroburgo, Silke Falkus, Jasmin Fernbach, Andreas Freundorfer, Mats Fromme, Galerie Scheffel GmbH, Trixi Geng, la famiglia Gertz, Helmut Grabe, Irene Grill, Carin Grudda, Therese Hofbauer, Sandra Ilgaz, Ilona Janicke, Kathrin Konopka, Elvira Kuhl, Isa Lange, Leipziger Verlags und Druckereigesellschaft mbH & Co. KG, Lilothehusky and the Bui Sisters, Adi Loeser, Andreas Mally, Jasmin Margraf, Macario Mitschke, Mugumogu, Museum Folkwang, Vicky Myron, National Trust Chartwell, Ufficio forestale del parco nazionale dell'Eifel, Joachim Nusser, Olivia Ozelton, Jürgen Perthold, Karin Post, la famiglia Stoller-Wehrli, Silvie Reithmeier, Matthias Rethmann, Romeow Cat Bistro, Barbara Rutten, Stine Satke, Simon Schlerf, Dörte Schneider, Helge Schneider, Schrottner Event fotografie, Marianne Schwimmbeck, Petra Sebald, Magnus Skaarup, Smith Art Gallery and Museum, smurf, Stadt Karlsruhe, città di Ypres, Stage Entertainment, Stiftung Universität Hildesheim, Michaela Taflova, Texas A&M University, The Algonquin Hotel New York, The Famous Grouse Experience, The Savoy Hotel Londra, Lega per la protezione degli animali di Berlino e dintorni (associazione registrata), TINKEBELL, Larry Wadsworth, Sabine Wolff, Burnell Yow!, Zoo di Berlino.

Un grazie di cuore a:
Venera Duman e Keiko Umeda per la ricerca dei contatti e le traduzioni in russo e giapponese;
mia figlia Karla per le traduzioni dal tedesco in inglese;
l'amica italiana Daniela Fabbri, che mi ha descritto il rapporto tra gli italiani e i loro gatti, insegnandomi anche divertenti modi di dire;
Franzi Emons, Nina Schäfer e Eva Kraskes per il lavoro fantastico, paziente e oltremodo creativo svolto per quanto riguarda le foto e il layout;
Sonja Erdmann e Michael Danhardt per lo splendido lavoro redazionale;
Cristina Colotto per la "gattosa" traduzione italiana dei 111 gatti;
tutto il team della casa editrice Emons e il mio agente Peter Molden per la fiducia accordatami e l'impegno profuso in questo libro.
E per concludere, grazie come sempre alla mia famiglia: senza di voi non mi sarei divertita tanto!

*L'autrice*

**Elke Pistor**, nata nel 1967, è cresciuta a Gemünd nell'Eifel. Una volta conseguita la maturità a Schleiden, ha proseguito gli studi a Colonia dove tuttora vive, dopo un breve intermezzo nella Bassa Renania. Lavora come free-lance nel campo della formazione e tiene seminari di scrittura. Nel 2010 ha pubblicato il suo primo romanzo giallo, nel 2014 ha vinto il Töwerland-Stipendium.